Stitch Life

Stitch Life

Stitch Life

Stitch Life

Stitch Life
青木和子の刺繡生活手帖
與花草庭園相伴の美麗日常

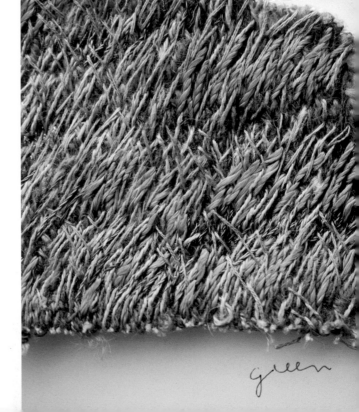

Contents

提供電子閱讀的 Web site〔日本 VOGUE 社書籍〕
http://book.nihonvogue.co.jp

Chapter I
與庭園相伴の刺繡生活

度過了忘我沉迷於玫瑰的十幾年時光，

現在為了時時刻刻都能與庭園融合相伴，

而將設計方向轉為養護需求低的庭園，

全力照顧一個連蜜蜂、瓢蟲、蜥蜴都能自由來去的有機花園。

隨著增加落葉樹種、種植適合土地的植物，

並栽種保持良好通風度的植栽，

一步一腳印地回歸自然平衡狀態的庭園，

雖然樸實卻帶有成熟風味，感覺愈來愈貼近現今的自己。

不再貪心得什麼都想要，但仍保留有空間的庭園，

增加了比以前數量更多的昆蟲，讓花園顯得生氣蓬勃。

以多彩綠色植物的形狀或顏色為主角，

再逐漸添加些許喜愛的花卉……

我將帶著閒適的步調與我的花園同步共生。

由播種開始

趁著秋天之際,便開始著手挑選適合下一季的花卉並訂購種子。
監測氣溫看準時機播下種子後,在等待發芽的前幾天都坐立不安。
之後的移盆、定植等作業流程雖然總是一成不變,但我從未感到厭倦。
一粒種子所能擴展的世界,是出乎意料的寬廣——
一個手掌大的種子袋,就有機會出現一片百花盛開的原野!
種子袋中裝滿了某種使園藝家的夢想、希望與想像力無限馳騁的力量。

種子儲放袋

事先將自家取得的種子&訂購的種子集中存放。
為了能夠掛在陰涼乾燥處儲存,特別將袋子縫上提把。

徽章貼布／種子袋

不妨黏貼在花園日記或卡片等處使用吧！
並排成一列當成條紋飾邊也不錯。

Viola tricolor

Sweet violet

Viola arvensis

在義大利小麥田旁邊的草叢裡，偶然發現了花朵嬌小的黃花野生菫菜（V. arvensis）。
雖如小指指尖般小巧且樸素不顯眼，但卻是經常與三色菫（V. tricolor）一起，
交配出陳列於店內的華麗香菫菜的品種。

紫羅蘭筆記本

日本的紫羅蘭與外國品種的三色堇。
雖然外表有些許的差異，但同為堇菜屬（Viola）。
日本紫羅蘭種類之多，幾乎被譽為紫羅蘭王國，
然而卻愈來愈少能在身邊周遭發現它的跡影。
但是，這楚楚可憐卻又堅強的花朵，
每逢春天必定會在庭院的一角獨自綻放。

玫瑰拼貼畫

將小小的庭園以將近100株的玫瑰彩繪得有如玫瑰花園一般——
那段培育玫瑰的過程,應該曾為我開啟了不少嶄新之門吧!
插上盛開的花朵、精研玫瑰的顏色與香氣,
欣賞嬌嫩的早春綠葉、含苞待放的蓓蕾,
以及不急不徐地綻開的無數花瓣,隨風飄落更顯美麗的姿態⋯⋯
如今整理過後,雖已剩為數不多的玫瑰,
但爾後仍將在這庭園裡持續盛開。

拼貼飾板

集結了粉紅色系的玫瑰,但加入暗色系或黃、橘色系花卉一起匯集成束,將使畫面更添豐富。
也可以嘗試古典庭園玫瑰、法式玫瑰等更加講究的系列喔!

玫瑰卡片

稍微花一點工夫，搖身一變成為玫瑰刺繡的小禮物。
花環選用顏色變化不多的段染繡線，簡單地作出細膩的層次感。

繡球蔥綻放の庭園

從筆直修長的花莖前端，小小的花團一點一點地綻放，盛開成大型球狀花的繡球蔥。
果實同為蔥屬。其中我最屬意的是波斯之星花蔥（Allium cristophii）。
具有金屬光澤感的六瓣小花呈放射狀綻放，
歷經時間蘊養而開花的景象，
在這幅自然的美麗設計圖中自在寫意地呈現出來。

將柔軟光滑的繡線搭配上異素材的金屬，
尤能襯托出刺繡的質感。
薄紗蕾絲也是一種
能增添繡線本身無法營造出的微妙色差的輔助性素材。

小樹枝の樣本繡

小樹枝掉落在地上彼此重疊的模樣，
看起來就像是某個字母。
我以此為靈感，組合小樹枝創作字型，
也為了利用單一色系營造葉子細微色差，
因而決定使用段染繡線。
只要將段染繡線當成香辛料般地
作為增色使用，
就能創作出更多變化；
讓手邊繡線的運用層面瞬間擴大，
簡直就和作料理沒什麼兩樣哩！

葉片の樣本繡

由於段染繡線會依顏色而產生不同的變化，因此與單色混用時，特別容易拿捏。
上下繡線取用單一種的繡線，中間2色則是改變混合的比例。
小樹枝樣本繡則是取2股單色線再加上1股段染繡線。

黃蜂の様本繡

這是取材自從事園藝工作時遇見的黃蜂。實際上蜂的種類非常繁多，
蜜蜂（西方蜜蜂、日本蜜蜂）、木蜂、食蚜蠅等，雖然一眼就能分辨，
但除此以外還有許多各種不同的蜂類。
如體型碩大圓潤、絨毛濃密的熊蜂是蜜蜂科的一類，
但因種類的不同，條紋的顏色或寬度都有所差異。
其中還包括依據口器的長短而只拜訪特定花種的蜂類，
花＆蜂的關係，是一種知道的越多就越令人著迷的深邃世界。
每當看著牠們後腳沾滿花粉飛來飛去，或埋首花蕊猛吸花蜜的模樣，
就讓人情不自禁地更加喜愛蜜蜂。

細繩罐

或許是因為一點一滴採集花蜜的模樣，
與一針一線埋首從事手藝的行為相通吧？
所以有時會將手作同好者稱為──bee。
將勤奮的黃蜂圖案繡進小小的刺繡框裡，
套上尺寸相當的密封罐，就成了使用便利的收納容器。

How to make P.72

春季庭園の裝飾墊

球根花期結束，就輪到百花齊放的春天正式上場了！
進行花圈刺繡時，我會摘一些庭院裡的花朵在手裡紮成束，進行色彩的搭配。
而除了顏色之外，花的形狀或大小也不容小覷。
若能顧及點、線、面的平衡，必定能組合出美麗的作品。
將挑選好的花朵擺放在盛滿水的白色Teema餐瓷上，再增減花卉以作調整。
以此構思出裝飾墊的藍本，並如實地藉由刺繡描繪出來。

圍三色菫、鐵線蓮、勿忘草、香菫菜、紫色油菜花，以及鬼燈檠。
播下黑色鬼燈檠（Black ball）的種子之後，會開出僅僅一枝的藍色花朵。

春之信

當暖風迎面吹來,庭園的綠意一天比一天盎然,
且時而耳聞向陽處傳來蜜蜂拍動翅膀的嗡嗡聲。
當我意識到花朵每年皆以相同順序開始綻放時,
不禁感動於那悄悄地將季節變化傳遞給我們的自然訊息。

紫羅蘭信封

在以壓克力顏料上色的基底布面上進行刺繡後,再以信封作為紙型進行裁剪。
只要稍加編排組合、貼上郵票,即可郵寄。

造訪庭園の鳥兒

附近的鳥群會將我以帶殼花生製作的花環，
以及放在竹籃裡的麵包屑與蜜柑視為目標，飛來庭園裡覓食。
僅剩金桔的果實與玫瑰，原本寂靜無聲的冬季庭院，
在鳥兒們到訪之後瞬間變得熱鬧喧騰。
白頰山雀與綠繡眼一定會成群結伴前來。
有時栗耳短腳鵯與白頰山雀也會展開一場爭食攻防戰，
透過窗子賞鳥的我，則在內心暗自幫體型嬌小的鳥兒助陣。

知更鳥＆田鶇

雖然沒來造訪我的庭園，但卻令我想要留在身邊的鳥兒。
可以插上花藝鐵線，製作成裝飾品；
也可以在背面黏貼上胸針，作成胸飾。

100% HEMP
HAND MA

秋天の標本箱

即便生活圈周邊沒有山林，但我在附近繞了一圈，竟意外地發現了橡實。
除了公園之外，小灌木林、交通要道沿線等處也可見果實掉落，
讓我確實地察覺到橡樹的存在。
就連生長在我無法觸及的高度處的葉子也變紅了，如今正躺在我的手心上呢！
秋天真可說是收穫的季節。

雖然蘑菇偶爾也會出現在庭園裡，但我無論如何都想遇見的是毒蠅傘。
進行刺繡後，縫製成胸針。
橡實的名稱依序分別為：日本石柯、枹櫟、槲櫟、水楢、針櫟、麻櫟、長椎栲。

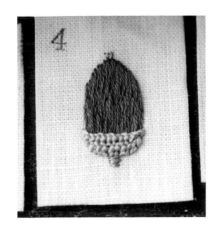

橡實棒針

雖然也有插著真正橡實的棒針，
但這個是羊毛氈作品。
質量輕且容易使用，但是在製作的時候，
一不小心就會從手中咕嚕咕嚕地滾了出去。

與香草為伴之旅

攜帶香草一起旅行——
即便是初次踏上的土地，
只要隨身攜帶著常用的香氛，即可使人心情放鬆。
聽說在蓼科開設 HERBAL NOTE simples 的萩尾エリ子女士，
習慣剪一些旅途中看到的香草，製成香氛袋。

作家梨木香步女士，
則是連同筆記、常備藥一起放在有香草的雜亂隨身袋中，
稱之為「藥草袋」，並放入旅行用的包包裡。
雖然藥草袋的說法有些老派，
但若能客製作成旅行專用袋隨身攜帶，想必會使人相當安心吧！

藥袋／收納袋

simple在古語的意思是指藥草，simples則是藥草店。
收納袋只要依照用途製作成不同尺寸，就是高實用性的好物！
藥袋上繡有德國洋甘菊＆百里香，收納袋上則繡著月桂葉。

芸香の徽章貼布

陪伴我旅行的室內鞋也添上了熟悉的香草。
芸香也是撲克牌上的梅花圖案設計來源。

How to make P.81

庭園裡處處充滿了能為我開啟好奇心大門的
事物。

畫完底稿後,利用繡線比對,以找出相近的
配色。

Stitch Life ～ Garden
庭園二三事

庭園是我多方嘗試播種、植栽、開花,不斷摸索應與何種植物搭配、該種植於何處等,從失敗中找
出方法的場所。我僅留心土壤培育、通風性佳的植栽、日照與給水,在此範圍內無微不至地呵護植
物;其餘的就盡可能不插手干涉,任其自然成長。

綠意盎然的原野表現,是我一貫的創作主
題。

植物不論成長到哪一個階段,都展現著萬物
必然的姿態。一粒種子中,就涵蓋了香菫菜
所有的一切。

這枚標籤的綠色,就是我心中綠色的基本色
之一。當我感到迷惑時,就從這個顏色開始
著手。

習慣後愈用愈順手的FELCO修枝剪。樹枝
真的會如奶油般輕易地被剪斷呢!

聖誕節期間製作的花環是使用庭園裡栽植的
綠冰(Gree Ice)。由於生長快速,所以順
便定枝&整枝。

工作室前的加拿大唐棣(Juneberry)。稍一
不注意,很快就會被鳥兒給啄光。

這是好久以前買玫瑰「甜蜜朱麗葉（Sweet Juliet）」時留下的標籤。

切下麵包邊當作鳥兒們的飼料。我們家和鳥兒們都吃同一款麵包哩！

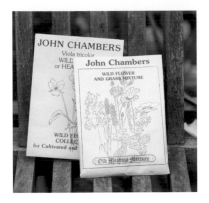

種子袋是旅行時必買的定番物品。從這種野花的種子中，也可能長出麥子喔！

有時為了歇口氣稍作休息而走至庭園，有時則因突然想到某件事而回到主屋。每當瞥見映入眼簾的庭園，腦海中不時浮現該將那茂密樹叢修剪得俐落些，還是剪掉多餘的樹枝，或想到種在陰涼處的植物等眾多思緒。當對庭園的要求逐日累積，就是我穿上長靴進行園藝工作的時刻了！雖然日復一日重複著相同的工作，卻總會有新的發現。

由自家庭園取得的種子培育出的芽苗。芫荽花（Orlaya）、鑽石花（Ionopsidium）、紅纈草、小麥仙翁（Viscaria）。

以赤玉土、腐葉土、燻炭（碳化稻殼）等，自家混和的土壤來培育芽苗。

參訪英國The Great Dixter花園時購入的麻繩。剛好是可以放入口袋中，且方便使用的尺寸。

在英國找到的綠色混線。

只要使用花圈基底（由樹枝捲繞而成之物），一眨眼間即可完成。

畫底稿時，腦海中就會自然勾勒出要使用哪種繡線來進行刺繡的想法。

玫瑰園裡最不可或缺的毛地黃。若從種子開始種起，到第二年才會開花。

椿象的花紋色彩相當豐富。停留在芫荽花淺綠色種子上的是橘黑條紋相間的椿象。

Stitch Life ～ Favourite
喜歡の花&愛好

每天的生活當中，只要身邊有花兒相伴，哪怕只是裝飾著幾朵花，都能讓生活過得更舒適愜意。為了插花而開始的花卉栽培，就連葉子或果實都能使我打起精神。只要繞庭園一圈，無論在何種季節都可以綁紮出小小的花束，有時也會發現過季的花兒悄悄地獨自綻放著。

玫瑰花的花蕾較容易刺繡。

七月花開時綻放的香氣宜人，但是金桔果醬更是美味。

從Peter Beales玫瑰園訂購的瑪莉玫瑰（Mary Rose），花香濃郁。

即便在後院也是果實纍纍。主要作為插花之用。

小花聚生而成大型球狀花的繡球蔥。那自然的造型，每年總讓我感到驚奇。

一如既往種植於庭園的金桔。雖然種子較多，處理上較為費勁，但手工果醬實在是太美味了！

因掉落地面的種子，每年開花的勿忘草是 Blue Muttu。

秋季的花卉集合。紺菊是我在散步時發現的，之後於庭園中繁殖。

從種子開始培育的倒提壺。是與勿忘草不同的藍。

在綠意盎然的庭園裡，深色系的花卉＆葉子，與銀綠色等明亮的綠葉形成了特色變化。乍看之下雖然不太顯眼，但與任何花色都能搭配得宜，可作為陪襯的角色進而統一優雅氛圍。自從察覺到深色系的效果之後，雖僅於刺繡中稍作修飾，然而只要嘗試添入深色系，作品就會變得更顯深度。

腳踏車停車場屋頂上的蔓性玫瑰、Rambling Rector。春天開花，秋天結果。

聖誕玫瑰、矢車草Black ball、煙霧樹Royal purple。

蠟燭旁擺設著玫瑰果實＆十字形的費南雪。

由於還有一處小小的池塘，青鱂魚棲息於此，初夏時蜻蜓也在此進行羽化。

深色系的香菫菜＆金葉過路黃（Lysimachia nummularia）。無論色度或色調都正好相反的組合。

一定要摸摸看！立刻使人表情放鬆具有療癒效果的綿毛水蘇。明亮的銀灰綠既突出又醒目。

Chapter II
我の每一天

夏天時我會早起，並依著日出時間的延遲，不急不徐地起床，
但總是固定時間吃早餐——
麵包配奶茶、添加蘑菇與蔬菜的煎蛋、季節水果佐優格，
還有自己親手作的果醬。
餐後進行家務整理，待品嚐完咖啡後前往工作室。
有時，喝個茶吃個點心。
傍晚，偶爾澆澆水或從事園藝工作。
出門買買東西，再作晚餐。
晚上我不刺繡，所以會看看電視或閱讀書籍等。
我就是這樣度過每一天。
偶爾的外出或參加活動，正好是生活中的句號＆逗號。
而每天的作息與路徑，
創造出我在工作室中的流動狀態（放鬆的深度集中），
並塑造我的風格。

每天使用のTeema餐瓷

每天使用的北歐白色餐瓷Teema，是設計師Kaj Franck的設計。
在極簡單純的色彩與外形的陪襯下，
使得任何料理看起來都更為出色且更加美味。
重新翻修的廚房，連同流理台與餐具櫃皆為訂製品，
並挑選與Teema餐瓷幾乎相同的色系，我稱之為——Teema白。
就連我兩個孩子各自成家時，我也都讓他們用著同樣的餐具。
Teema就是一種予人舒適愜意&自由混搭的餐瓷。

餐具墊

將Teema系列的餐瓷排成一列，進行刺繡。
邊緣飾以回針繡，強調出變化。

環保袋

以超市的袋子作為紙型，縫製而成的環保袋。
亞麻布配上黑色滾邊，
充滿成熟風格，令人喜愛。

青花瓷

剛開始學產品設計的時候，第一次購買的雜誌《民藝》當期封面，
就是砥部燒唐草花紋的波佐見燒高腳碗。
進而從中得知柏納德・李奇與柳宗悅的藝術與工藝運動，
並且決定等我長大以後要用這個碗來吃飯，
那是在我懵懵懂懂理解「用與美」的十幾歲後半的年代。
帶有質樸氣息的青花瓷即使與Teema餐瓷一同擺放，也毫無違和感，出色地展現在每天的餐桌上。
唐草花紋的波佐見燒高腳碗成了女兒的專用碗。

波佐見燒高腳碗，為圖案上方中間的碗。
使用「MOLA民族風貼布縫」帶有趣味的手法，
讓完成的作品不致流於平面的呈現方式。

因為是一邊看著布的正面一邊刺繡，所以完全沒有留意到背面，
直到翻至背面進行線端處理時，才發現背面帶有悠然自得的奔放感，
反倒讓人感受到另一種美。
此作品是以MOLA民族風貼布縫將背景色作成藍色，
因此背面與正面會形成相異兩色，刺繡的流向也一覽無遺。

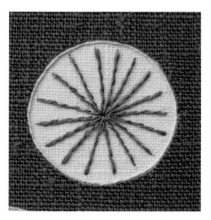

麵包の樣本繡

只要有美味的麵包,
一日之始便能感受到滿滿的幸福。
由於住家附近開了一間使用天然酵母的麵包店,
因此餐用麵包的選擇性也跟著變多了!
全麥麵粉、添加糙米、國產小麥粉……
偶爾也會換吃卡帕尼或添加堅果、果乾等的麵包,
作出不同變化。

該如何呈現出麵包的質感與特徵?只能多嘗試&從失敗中找方法。
我覺得背面黏貼上磁鐵也很可愛哩!

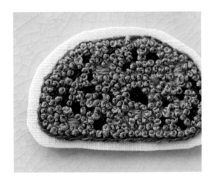

麵包布

以餐巾包覆著溫熱的麵包，
不僅能保溫還能增加口感。
針對必須頻繁洗滌的需求，
因此我使用針腳較短的刺繡法。

生活中の小手作

日常生活使用的物品——
不需太花費心力，迅速製作完成後，會讓人想輕鬆地隨意使用。
若是簡單小物，也很適合作為小禮物來送人。

食譜卡片套

可以放入食譜卡片的封套。
將裁剪成圓形的皮革以釦眼固定後，縫製成附有繩子的封套風格。

鍋蓋防燙套

曾經收過的贈禮中有防燙套。
「以少少的布，就能快速完成！」我從中學習作法，並試著花了些心思研究。
如果使用織目較粗的亞麻布，即可挑縫針目進行十字繡。
只要繡上字母就變會成特製品唷！

Chapter III
手藝の原點

我曾在距離瑞典首都斯德哥爾摩搭電車約4小時左右車程的城市，

布羅斯的織品學院上了一年的課程。

使用羊毛、麻、棉等素材，

並透過紡絲、機編、手紡、機紡、染印⋯⋯

以各種不同的材料與技術製作出一片布的經驗，

使我強烈地領悟到設計與技術是完全密不可分的。

明明應該忙得不可開交，但即便在學校還是享有午茶時間——

一邊吃喝著某人烘烤帶來的蛋糕與咖啡，

同學們的手上也仍不停地織著東西。

享受著優質的素材、美麗嚴峻的大自然，

一起悠閒地喝咖啡的休憩時間（瑞典語Fika）及生活，

我相信北歐的溫暖設計風格，

應該就是從那樣的環境當中自然孕育而生的。

該如何採用花樣，關係到表情的變化，
因此最好多方嘗試看看。
也可以接縫上流蘇來作出尾巴喔！

達拉木馬の貼布縫

位於瑞典的達拉納省地區，
有一處自古以來就以傳統手捺染聞名的JOBS Handtryck。
被印在厚亞麻布或棉布上的圖案，
是源自於工房附近盛開的野花或傳統生活的景象。
其中，植物的圖案無論多麼的簡單化，都能準確地抓住特徵，
讓人感受到植物相關設計者本身感性的一面。
大型圖案在室內家飾擺設上顯得相當耀眼奪目，
但即便僅看細部區塊，也是相當有時尚感。
因此，我也試著構思運用手邊現有碎布片的方法。

玻璃花缽中の花

斯德哥爾摩南部的斯莫蘭，有著為數眾多的玻璃工坊，
被稱為「玻璃王國」。
曾在家族旅行拜訪當地之際，於KOSTA BODA購買的玻璃器皿，至今仍教我愛不釋手。
ULLA系列的餐盤與玻璃花缽，是一款使野花有如浮雕般清楚浮現的設計，
當我隨手翻閱手上的圖鑑對照時，發現全是當時經常可見的花卉。
但由於一直以來都只是隨意拿來使用，所以根本就沒察覺到。
而且，其中竟然還有我經常刺繡的花卉呢！

茶壺保溫罩

所有的花都是在Midsommar（北歐仲夏節）期間綻放的花卉。
在這短暫的仲夏期間，大多都會在戶外享受午茶時光。

三段小插曲

採摘野花

這是我前往出生於瑞典西海岸城市的
哈爾姆斯塔德朋友家時發生的小故事。
當我們旅遊歸來正準備前去打開朋友父母家門窗的路上,
朋友一從車上下來,
就順手摘了一把一旁野地裡盛開的黃色花朵,
裝飾在廚房的餐桌上。
那時原本靜悄悄的屋子裡,突然就像流入了一股夏日氣息般。
有如珍惜著百花齊放的短暫仲夏,裝飾上季節的花朵。
如此享受當下的生活態度真是令人羨慕呢!

咖啡杯

在紡織大城布——羅斯的學校留學期間，是我20幾歲後半的時候。
當時住進學生宿舍買的第一件物品就是咖啡杯。
杯面上附有藍色小花浮雕的傳統款式咖啡杯盤組，
材質介於陶器與磁器之間，是以中火燒製而成。
當我立刻拿到廚房用來喝茶時，
女舍監走了過來，比手畫腳地告訴我說：
「那種杯子的握把很容易脫落，所以要特別小心唷！」
幾年過後，就在我清洗這只帶回國的咖啡杯時，
握把掉了，腦海中隨即浮現出女舍監的臉孔——
果然，她的忠告應驗了！

撿拾蘋果

雖然每天就是往來於學校與學生宿舍之間，
但我經常會先繞到別處，再轉回去。
因為光是遠望著住家與窗戶，都能讓我樂在其中。
距離學校稍遠處的紡織博物館，沿途有一間工廠，
開放式的草坪前庭中種植了好幾棵蘋果樹。
秋天的傍晚往那裡走去時，發現沒有半個人影，卻有好多蘋果掉落下來；
我與宿舍友人一邊提心吊膽，一邊拿多少算多少地盡可能將蘋果帶回宿舍。
之後利用那些蘋果烘烤成Appelkaka（瑞典蘋果蛋糕），
並藉著查詢食譜的樂趣，漸漸地變得更加喜歡瑞典語，
這也算是我意外的大收穫吧！
每當秋天颳起強風的日子，時常會讓我掛念起——
蘋果不知道是不是又從那些樹上掉落下來呢？

鏤空的紙型，可以從另一種觀點來檢視設計。

孩子們使用過的鳥類圖鑑。書上有搞怪的塗鴉＆膠帶修補過的痕跡，但目前都還在使用中。

Stitch Life 〜 Atelier
我の工作室

位於庭園的盡頭與主屋相鄰的工作室，是專為放置我遠從瑞典帶回來的織布機，而早在30多年以前就已經建造好的建築物。面對東南方的大片窗＆長型工作檯＆另一側收納用的壁櫥，簡單且容易使用。即便是分不清ON與OFF的每一天，但每當我人來到工作室時，就會不可思議地進入工作模式。

傷腦筋時可提供靈感的圖鑑。湊齊了同一系列的作品。

花樣的配置是歷經千挑萬選過後才決定。

原創的亞麻線較為細密。因此纖細的表現可取1股線，欲呈現出結實感就取2股線。

雖然同樣是紅色，卻有各種不同的深淺濃淡。也可以收集所有喜歡的紅色，再從中去蕪存菁地挑選最愛。

於作品中使用的繡線樣本。

開啟我著手玫瑰刺繡契機的Cardinal de Richelieu。

旅行時隨身攜帶的花卉圖鑑，我會在上面註記與花卉相遇的日期與地點。

利用繡線比對，挑選麵包的顏色。

平常使用的剪刀與針插。看到喜歡的剪刀，就會忍不住買了下來。

每逢神清氣爽的季節，我就會敞開工作室的大門。在玫瑰的季節裡，當玫瑰的香氣四溢、銀姬小蠟樹開花時，可以聽見蜜蜂振翅的嗡嗡聲。有時也會有蝴蝶或蜻蜓飛進來，使庭園中的工作室伴隨著大自然與之融為一體。

在英國遇見的天竺葵。因為知道種類，所以利用圖鑑確認之後再歸納出細節。

素描是能夠增加設計靈感的方法之一。

不知為何，我就是喜歡標籤！

線材、郵票、布片……當同樣的色系收集在一起時，便能創造出一個世界。

在玫瑰的季節，只要一打開大門，庭園美景隨即展現在眼前，令心情瞬間煥然一新。

平常使用的鉛筆是德國施德樓的頂級藍桿繪圖3B鉛筆。

瑞典製的麻線。雖然是紡織用線，但偶爾也會用作刺繡之用。

重要的事項就寫在備忘板上。

Stitch Life ～ Offstage
製作の幕後花絮

只要是有關設計或製作，資料、材料就會持續不斷的增加。每次拿出資料或材料後，就必須反覆的整理；然而在整個過程當中，有時會發現早已遺忘的東西，有時也會對布料與線材偶然重複的組合感到恍然大悟，因此怎麼也無法好好地整理。在製作期間，大桌面上擺放的資料或材料將呈現堆積如山的狀態，腦袋裡的思緒也彷彿就那樣地直接在桌子上蔓延開來。

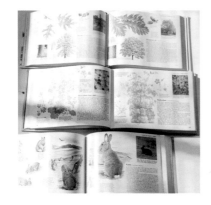

個人愛用的圖鑑偏好插圖與照片併用，圖案的細部也要讓人一目瞭然。

放置在專用架上的25號繡線。

在自然光下進行刺繡。

只要試著湊齊喜愛之物，即可一眼看出自己的偏好。

一旦反覆進行相同圖案的刺繡，就能夠逐漸呈現出更為簡單樸素的表現。

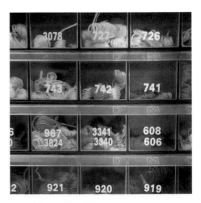

為了能夠隨時找到想要使用的繡線，仔細地收納在標示有號碼的層架中。

成為流浪貓的寄養父母，已經8年了。每當帶貓咪柊樹來到工作室時，牠一定都會躺在我設計的圖稿上睡覺。

我稱為「刺繡良藥」，作為我暖身之用的刺繡。為了調整健康狀態，我都固定取1股線的用量，什麼都不想地進行刺繡。

專門收納綠色素材的「綠箱」中的線材，宛如綠線的沼澤一般。

將花朵摘下後擺放，或素描下來，工作室有時也會變身成為實驗室。從雜亂無章的工作檯上，也可發現開始著手刺繡的徵兆，這是一處日常之中又非日常的場所。不論如何，總算到結束為止，都可以不用大費周章整理了！但若徹底整理乾淨，連心情也跟著變得遼闊起來，甚至理出了思緒空間，心中思索著：嘿！下次來作個什麼好呢？

長年使用的工作檯。桌角歷經磨損，木質的底部因此暴露了出來。

蘑菇是個愈瞭解就愈有趣的世界。

也有利用拼貼畫來進行素描的方法。

線材依種類歸納或按顏色整理，作出大致的分類。

雖然主屋與工作室是緊連著相鄰，但有時還是得花上時間才能走得到。

摘自秋天的庭園。將瓷盤內盛滿水，再逐一擺放上花朵、果實與樹葉。

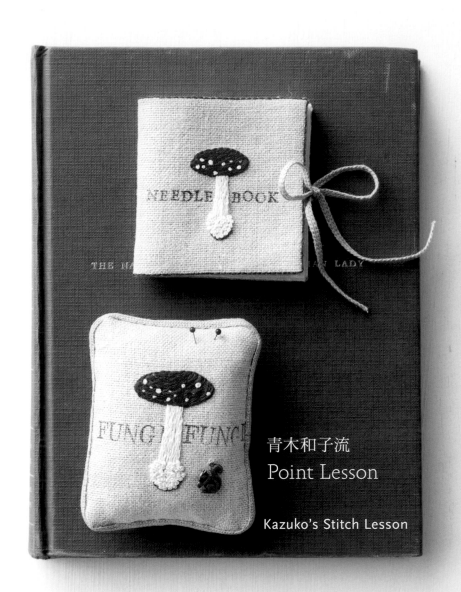

青木和子流
Point Lesson

Kazuko's Stitch Lesson

藏針書&針插的作法參照P.94.95

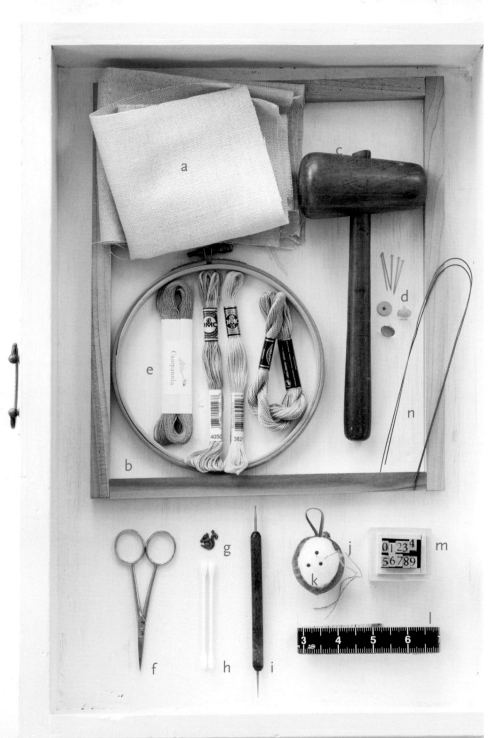

Tools & Materials

a / 布材
經常使用帶膠的亞麻布或亞麻混紡布。通常會在背面黏貼上中厚款的單面膠之後使用。

b / 刺繡框
製作大型作品時,使用文化刺繡用的方形框;製作小型作品時,使用圓形框。尺寸請配合刺繡作品。

c / 木槌
以大頭針將布材固定於刺繡框,或開孔時使用。

d / 大頭針・圖釘
將布材固定於框上。大頭針是作為收尾之用。

e / 繡線
本書主要使用DMC繡線。最常使用的是25號繡線,但在表現花莖時,也會使用5號繡線。此外,還會使用我的原創亞麻線或AFE麻線。

f / 剪刀
除了裁剪繡線前端等細小之物外,還可用於貼布縫、布材裁剪等。

g / 小飾物
能為作品添加些許的可愛感。

h / 棉花棒
沾水之後,可以消除圖案的線條,或輕輕地沿著線條整理繡線,是完成前的最佳輔助道具。

i / 手藝用鐵筆
沿著圖案於布面上描摩。

j / 刺繡針
配合繡線的粗細或取用的股數來選用。

k / 珠針
將圖案固定於布面上。推薦使用針尖較細,針頭較小的極細珠針。

l / 捲尺・定規尺
用於測量尺寸或畫線。

m / 印章
於布面上壓印,點綴出特色。

n / 花藝鐵絲
透過使用不同質感的素材,襯托出刺繡的美感。

＊其他,如複寫圖案的手藝用複寫紙或描圖紙。請依據作品,並配合各種不同的素材來使用。

Point Lesson
各種不同の技法

在此摘選的並非困難的作法，而是教導本書使用技法的小小重點。

自製混紡線

1

將由6股細線鬆撚而成的25號繡線一起抽出來，並於50至60cm處剪斷。

2

將需要的股數1股1股的抽出來之後，再將線合併。只要將段染與單色繡線混合使用，既富有自然感，同時也能帶出微妙色差。這次是使用2股單色與1股段染的3股繡線。

3

穿入粗細適合的刺繡針之後，再反摺回來。

4

由上而下為：3股段染、2股段染＋1股單色、1股段染＋2股單色、3股單色的刺繡樣本。光是如此混搭，作品印象即隨之改變。

於布面進行壓印／貼布縫

1

以布用印台平均沾取墨水，再按壓印章。

2

印好的模樣。用作貼布縫時，則於背面黏貼上雙面接著襯（附紙）。

3

於描圖紙上描繪圖案。由於取圖會左右相反，應翻至背面之後，再於布片的背面描繪圖案（以手藝用鐵筆描繪，轉印出鉛筆的線條）。剪下布片。

無法於布面上描繪圖案時

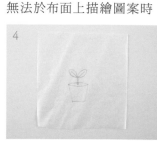

4

布紋較粗的布材等，難以使用手藝用複寫紙來描繪圖案的情況下，可以在半透明完稿紙上描繪圖案。

5

以熨斗燙貼步驟3的貼布縫用布，並於其上方將繪有圖案的半透明完稿紙，以熨斗暫時固定上去。

6

在半透明完稿紙的上方進行刺繡。

7

待刺繡完成之後，揭下半透明完稿紙，撕破取下。

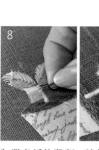

8

為避免紙片殘留，請仔細地清除，以免殘留於刺繡之中。

活用圖樣的貼布縫方法／於深色布面上描繪圖案

1

想要活用布材的圖樣進行貼布縫的時候，請準備剪空圖案部分的紙型，並決定擺放位置後，在布料背面黏貼上雙面接著襯。

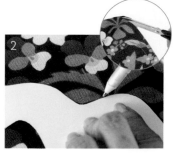

2

放上內側圖案的紙型，並以熨斗熨燙後可使記號消失的粉土筆來描繪圖案（深色布面的情況下，推薦使用白色粉土筆），再沿著線條來裁剪布片。

3

揭下貼布縫用布背面的紙，放置在基底布上以熨斗燙貼。只要在熨斗＆圖案之間夾入烘焙紙，就不會沾黏，即可順利進行作業。

4

於貼布縫用布的邊緣進行回針繡。繡線的顏色應配合布材。即便是已裁剪卻未處理布邊的布，只要利用此繡法即可安心處理布邊。

MOLA民族風
貼布縫の方法

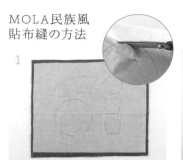

1

於上布的背面黏貼上雙面接著襯之後，再描繪左右相反的圖案（使描繪圖案面朝下放在描圖紙上來描繪）＆剪空圖案處的布。

2

於下布的背面黏貼上接著襯，並描繪圖案的外框。

3

揭下上布的雙面接著襯膠紙。

4

對齊下布圖案與上布鏤空的位置之後疊放，並以熨斗燙貼。建議鋪上烘焙紙燙貼較佳。

5

再次將圖案放置在兩片燙貼成一體的布上，對齊位置＆以珠針固定。

6

於圖案紙的下方夾入手藝用複寫紙，並於上方疊放上更有利於滑動的玻璃紙（包裝用玻璃紙即可），來複寫圖案。

7

將布套在方框上，並以圖釘等物固定。

8

將大約與布的厚度同等粗細的麻線（或取3股25號繡線）沿著貼布縫的布邊，以1股25號繡線固定（釘線繡）。

依照形狀縫製

1

於背面黏貼上接著襯後，進行刺繡。

2

預留約8mm摺份後，進行裁剪。（摺份太多會過於累贅，太少則難以摺疊。）

3

在弧線摺份處剪牙口。注意不要裁剪到刺繡處，剪至靠近邊緣為止。

4

摺份裁剪完成。

5

於摺份背面各處沾上木工用白膠（速乾型），如強拉般地摺往背面，並黏貼上去。請不時地從正面檢視，一邊確認一邊黏貼。

6

裁剪不織布＆以白膠輕輕黏合於背面。

7

由正面檢視＆整理，以避免不織布露出來，再沿周圍以捲針縫縫合。（以淺駝色縫線捲針縫）

8

完成！製作胸飾的時候，可於背面接縫上胸針。

橡實の作法

   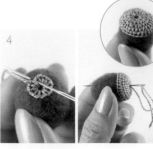

1 先將羊毛搓圓，並以專用戳針（尖端呈鋸齒狀）戳刺，進而戳整形狀。一邊放在手掌上滾動搓揉，一邊有耐心地以針戳刺。

2 若要裝飾在棒針上，則需待橡實的形狀完成後，將棒針刺入末端處預先開孔。

3 由洞孔的另一側穿入5號繡線，再從洞口旁穿出，將線端拉進橡實裡，並於洞口的周圍放射狀地進行釦眼繡。

4 刺繡一圈之後，往上排移動，呈圓形一層層地繡上殼斗。刺繡結束時，暫且先往洞口方向穿出後，再回穿於橡實中出針，並在邊緣剪線。

緞帶繡の方法

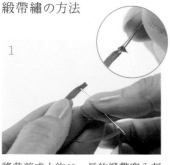   

1 將裁剪成大約60cm長的緞帶穿入刺繡針中，並將刺繡針刺入緞帶尾端處，拉緊。只要事先這麼作，即可固定緞帶尾端，緞帶也不會中途從針孔中脫落。

2 將緞帶另一側的邊端打結，再由背面出針，將同色的1股25號繡線由近旁處穿出之後，在緞帶中央進行平針縫。（平針縫的針距不一致也OK）

3 拉動平針縫的線，將50cm縮短成大約7cm。

4 一邊調整緞帶的細褶，一邊繞圓兩圈，並於背面出針。暫時將25號繡線於背面拉出之後，再於正面出線，並將緞帶縫合固定。

開孔

1 下方墊上木材等堅硬的物體之後，敲打開孔用的沖孔器。孔洞無法順利鑿開時，可使用刀尖銳利的剪刀輔助剪空。

2 在布片下方放入雞眼的墊片，若有想要一起固定之物（此處為皮革片），對齊洞口疊放即可。

3 上方疊放上釦眼，並放上沖孔器之後釘上去。

4 完成！

以回針繡縫製裝飾框

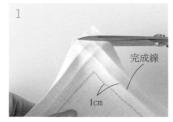  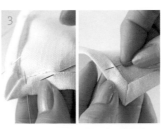 

1 於布片的周圍進行回針繡（此處為距離完成線1cm的內側），再以熨斗燙摺縫份＆剪下邊角布。

2 將邊角的縫份內摺，並將各個布邊也往內摺。

3 進行藏針縫。縫合邊角時應注意針距要避免過於明顯。

4 以回針繡形成特色，完成！亦可於完成線上進行刺繡（參照P.32）。

How to Make
作法

〔本書的使用方法〕

* 圖案有原寸＆縮小成80％、75％的縮圖。縮圖請各自放大成125％、133％之後使用。

* 接於繡法後（　）內的數字，除了特別指定之外，皆表示DMC繡線的色號。

* 除了DMC繡線之外，其餘使用青木和子原創亞麻線，一部分使用AFE麻線。青木和子原創亞麻線以「亞麻線（顏色名稱）」表示。繡線的購買方式可參照P.96。

* 繡線的號數是以「＃」來表示。

* 無特別標示號數時，即意謂使用25號繡線。請合併指定的股數進行刺繡。

* 除了25號繡線之外，基本上皆取1股線使用。

* 法國結粒繡，是依捲線的次數與拉線的鬆緊程度來變化大小形狀。本書除了特別指定之外，一律皆捲線1次，但請視整體狀態來加以調整。

* 刺繡用的主布以「＊布材」表示，而被使用在作品部分的布則列在「＊其他」之中表示。

* 布材雖然僅指示最少需要量，但由於小布片難以刺繡，因此建議準備較大的布片進行刺繡之後再予以裁剪。

* 除了看得見背面的作品之外，幾乎所有的作品皆於布的背面黏貼上中厚型接著襯之後，再進行刺繡。

Stitch Catalogue
基本刺繡針法

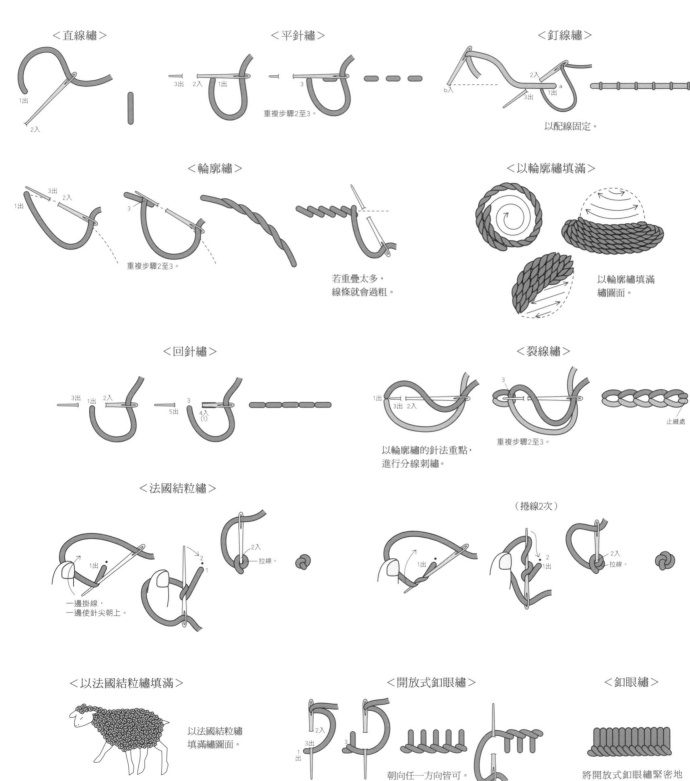

<直線繡>

1出
2入

<平針繡>

3出 2入 1入
3
重複步驟2至3。

<釘線繡>

2入
b入
3入 1入 a
以配線固定。

<輪廓繡>

3出 2入
1出
3
重複步驟2至3。

若重疊太多，
線條就會過粗。

<以輪廓繡填滿>

以輪廓繡填滿
繡圖面。

<回針繡>

3出 1出 2入
5出
3
4入
(1)

<裂線繡>

1出 2入
3入
3
1出
重複步驟2至3。
止縫處

以輪廓繡的針法重點，
進行分線刺繡。

<法國結粒繡>

1出
2入
1
2入
拉線。

一邊掛線，
一邊使針尖朝上。

（捲線2次）

1出
2
1出
2入
拉線。

<以法國結粒繡填滿>

以法國結粒繡
填滿繡圖面。

<開放式鈕眼繡>

3出
1
出
2入
3

朝向任一方向皆可。

<鈕眼繡>

將開放式鈕眼繡緊密地
排列刺繡。

<宀緞面繡>

從最寬處開始，分成兩半邊填繡較佳。

<內襯緞面繡>

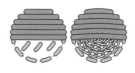

為了作出厚度，
先進行下層刺繡之後
再進行緞面繡。

<長短針繡>

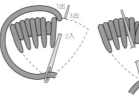

以長針&短針交替刺繡。

<鎖鏈繡>

重複步驟2至3。

<雛菊繡>

<飛羽繡>

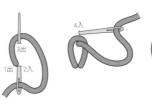

<蛛網玫瑰繡>

如放射狀般，以一上一下交錯穿線
的方式纏繞繡線。

<編織繡>

僅挑縱線，由左右交錯穿線。

<捲線結粒繡>

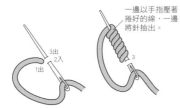

一邊以手指壓著
捲好的線，一邊
將針抽出。

<十字繡>

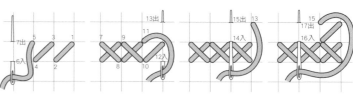

徽章貼布

* 線材／DMC繡線 #25（729、435、327、939、3820、3821、3078、822、3822、841、407、844、3772、3348、989、3346、
　　　　　　　　　3345、168、169、ECRU） #8（ECRU） 麻線（AFE910淺駝色）
* 布材／白色中厚棉緞布30cm×20cm
* 其他／接著襯30cm×20cm 印花布（或已蓋印好的布）5cm×3cm 雙面接著襯5cm×3cm
　　　藍色、粉紅色、黃色的麻布各6cm×1cm 鉛板1.5cm×1cm 白膠 字母印章 布用印泥（深褐色）
* 完成尺寸／參照圖示
* 作法／於刺繡布的背面燙貼上接著襯後進行刺繡。布的周圍塗上白膠，待乾燥之後進行裁剪。於藍色、粉紅色、黃色的麻布
　　上蓋印，並將單側裁剪成尖角狀。（參照成品圖）

刺繡圖案（原寸）

・除了特別指定之外，線材皆取3股線。
・#25為25號繡線，#8為8號繡線。
・進行刺繡之後，以牙籤沾取白膠塗抹於周圍，待乾燥之後進行裁剪。

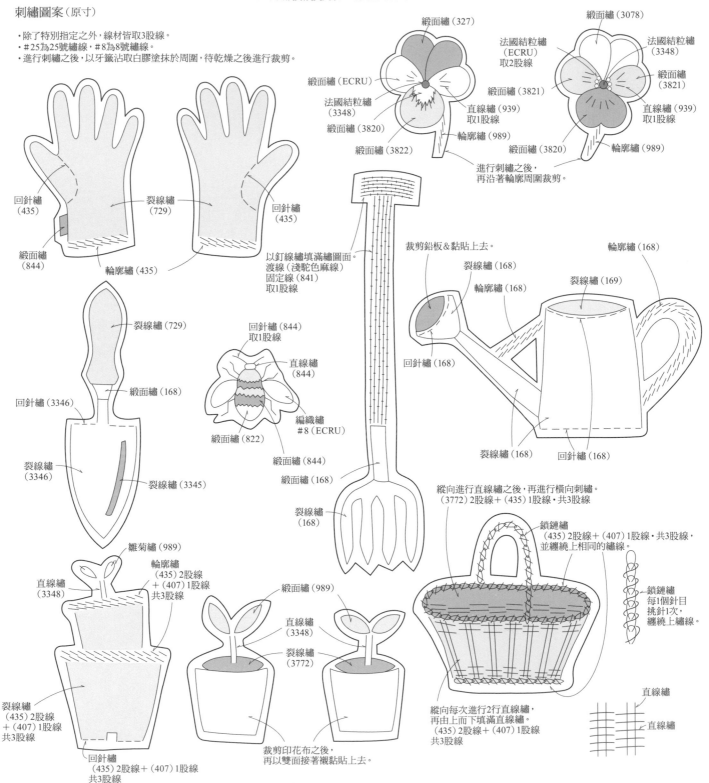

* 線材／DMC繡線　#25（3346、3347、320、3894、729、407、3806、3689、794、3838、3865、844、3328）　#5（3347）
　　麻線（AFE208綠色）
* 布材／白色中厚棉緞布15cm×30cm
* 其他／接著襯15cm×30cm　藍色麻布10cm×10cm　雙面接著襯10cm×10cm
　　斑染薄紗蕾絲（AFE深綠色）10cm×5cm　白膠
* 完成尺寸／參照圖示
* 作法／參照圖示

裁布圖
・在背面燙貼上接著襯。
※準備比指示的布長更大片的布，
　刺繡之後再裁剪。

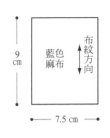

藍色
麻布

9cm

↑布紋方向↓

7.5 cm

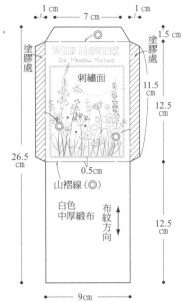

1 cm　7 cm　1 cm

塗膠處

1.5 cm

WILD FLOWERS
Old Meadow Mixture

刺繡面

塗膠處

26.5cm

11.5cm

12.5cm

0.5cm

山褶線（◎）

白色
中厚緞布

↑布紋方向↓

12.5cm

9cm

作法
①於緞布的背面燙貼上接著襯。
②於藍色麻布的背面燙貼上雙面接著襯，裁剪成7.5cm×9cm，
　黏貼在緞布的指定位置上，描繪圖案之後再將薄紗縫合固定。
③進行刺繡，並依裁布圖來裁剪緞布。
④於塗膠處塗上白膠，將布片內摺作出袋型。

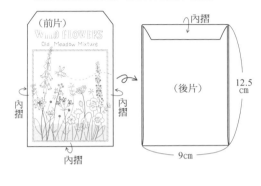

（前片）

WILD FLOWERS
Old Meadow Mixture

內摺

內摺　內摺

內摺

（後片）

12.5cm

內摺

9cm

刺繡圖案（原寸）
・除了特別指定之外，線材皆取2股線。
・#25為25號繡線，#5為5號繡線。

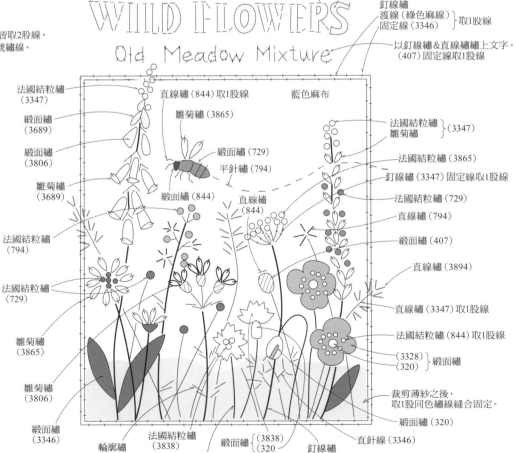

回針繡
輪廓繡}（407）

釘線繡
渡線（綠色麻線）
固定線（3346)}取1股線

以釘線繡&直線繡繡上文字。
（407）固定線取1股線

WILD FLOWERS
Old Meadow Mixture

法國結粒繡
（3347）

直線繡（844）取1股線

雛菊繡（3865）

緞面繡
（3689）

緞面繡
（3806）

緞面繡（729）

平針繡（794）

緞面繡（844）

雛菊繡
（3689）

直線繡
（844）

藍色麻布

法國結粒繡
雛菊繡}（3347）

法國結粒繡（3865）

釘線繡（3347)固定線取1股線

法國結粒繡（729）

直線繡（794）

緞面繡（407）

法國結粒繡
（794）

直線繡（3894）

法國結粒繡
（729）

直線繡（3347）取1股線

法國結粒繡（844）取1股線

雛菊繡
（3865）

（3328）
（320)}緞面繡

雛菊繡
（3806）

裁剪薄紗之後，
取1股同色繡線縫合固定。

緞面繡（320）

緞面繡
（3346）

輪廓繡
（3346）

法國結粒繡
（3838）

緞面繡{（3838）
（320）

直針線（3346）

釘線繡
渡線#5
固定線#25}（3347）取1股線

輪廓繡
（320）

種子儲放袋

* 線材／DMC繡線 ＃25（772、907、3772）
* 布材／綠色麻布19cm×44cm
* 其他／接著襯19cm×44cm 木棉布38cm×23cm 原色木棉布5cm×4cm 雙面接著襯5cm×4cm
  寬0.5cm的淺駝色皮帶50cm 直徑1cm的魔鬼氈 印章 布用印泥（深褐色） 半透明完稿紙
* 完成尺寸／參照圖示
* 作法／於表布的背面燙貼上接著襯，刺繡之後再裁剪。布紋較粗而難以描繪的情況下，可以在半透明完稿紙上描繪圖案再
  進行刺繡，之後再撕破取下（參照P.54）。請參照圖示縫製提袋。

裁布圖

・將表布燙貼上接著襯。

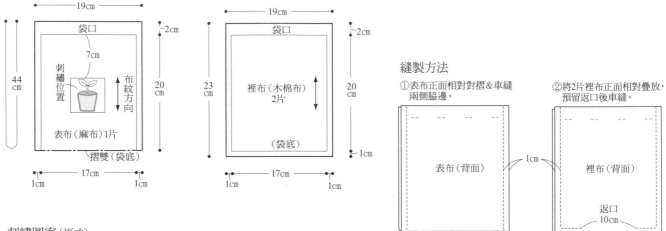

刺繡圖案（原寸）

・繡線一律取3股線。

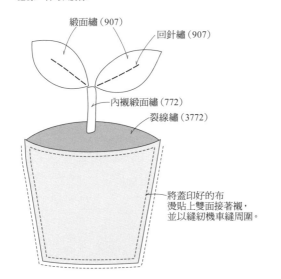

緞面繡（907）

回針繡（907）

內襯緞面繡（772）

裂線繡（3772）

將蓋印好的布
燙貼上雙面接著襯，
並以縫紉機車縫周圍。

縫製方法

①表布正面相對對摺&車縫
兩側脇邊。

②將2片裡布正面相對疊放，
預留返口後車縫。

表布（背面）

袋底

1cm

裡布（背面）

返口
10cm

③將裡布翻至正面之後，放入表布中，
正面相對疊放，並將2條裁剪成25cm
的提把（皮帶）包夾於袋口處
車縫周圍一圈。

提把 裡布（背面）

3cm 3cm

2cm

表布（背面）

以熨斗燙開縫份。

⑤將裁剪成圓形的
魔鬼氈縫合固定
於裡布的袋口中央

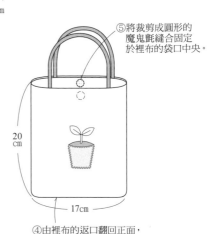

20cm

17cm

④由裡布的返口翻回正面，
並將返口藏針縫。

紫羅蘭筆記本　　* 線材／DMC繡線　#25（ECRU、368、989、3347、3363、3012、3078、3822、729、3862、168、646、155、3746、
3837、327、939、844）　#5（989、3012）
* 布材／白色麻布30cm×21cm×3片
* 其他／厚接著襯65cm×45cm　紫色麻布65cm×30cm　寬0.3cm的紫色緞帶（MOKUBA No.1541）28cm　白膠
* 完成尺寸／參照圖示
* 作法／參照圖示

裁布圖

・於基底布1背面的完成線內側燙貼上接著襯。

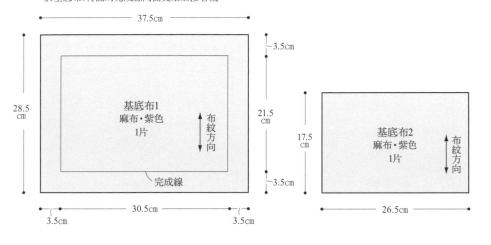

刺繡布

（背面燙貼上接著襯，完成刺繡之後再裁剪。）

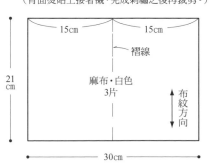

筆記本的縫製方法

①裁剪基底布1的邊角。

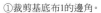
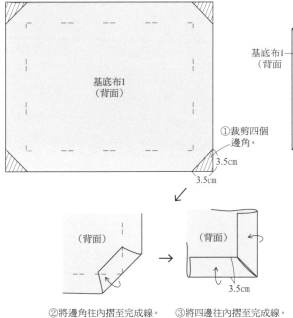

②將邊角往內摺至完成線。　③將四邊往內摺至完成線。

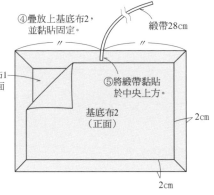

④疊放上基底布2，並點貼固定。

緞帶28cm

基底布1（背面

⑤將緞帶黏貼於中央上方。

基底布2（正面）

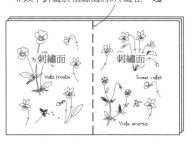

⑥於1片刺繡布上進行刺繡，再在下方疊放2片，並以平針縫於褶線處將3片縫在一起。

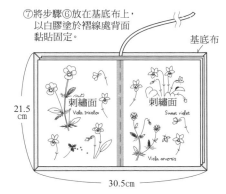

⑦將步驟⑥放在基底布上，以白膠塗於褶線處背面黏貼固定。

刺繡圖案（原寸）
・除了特別指定之外，線材皆取2股線。
・＃25為25號繡線，＃5為5號繡線。

褶線

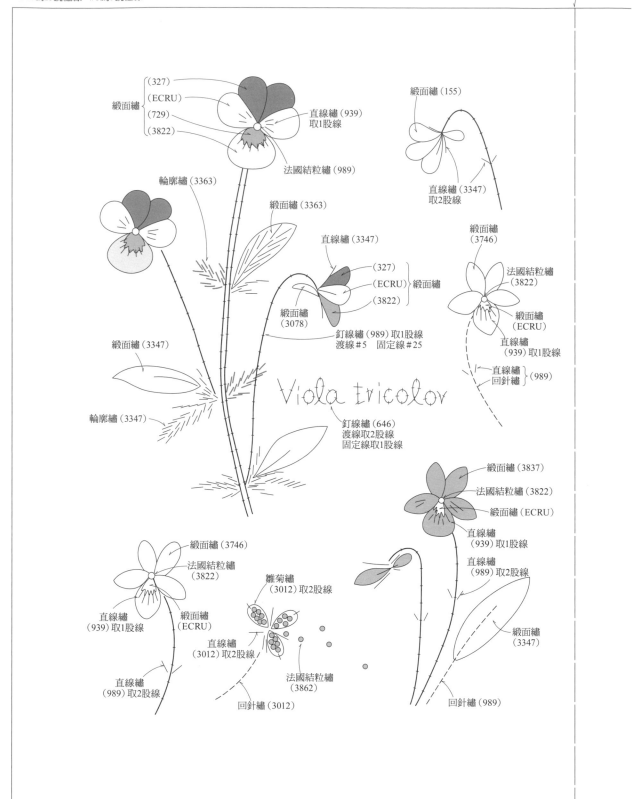

（327）
（ECRU）
緞面繡
（729）
（3822）
直線繡（939）
取1股線

緞面繡（155）

法國結粒繡（989）

直線繡（3347）
取2股線

輪廓繡（3363）

緞面繡（3363）

直線繡（3347）

緞面繡
（3746）

（327）
（ECRU）緞面繡
（3822）

法國結粒繡
（3822）

緞面繡
（3078）

緞面繡
（ECRU）

緞面繡（3347）

釘線繡（989）取1股線
渡線＃5　固定線＃25

直線繡
（939）取1股線

輪廓繡（3347）

Viola tricolor

直線繡
回針繡 }（989）

釘線繡（646）
渡線取2股線
固定線取1股線

緞面繡（3837）

法國結粒繡（3822）

緞面繡（ECRU）

直線繡
（939）取1股線

緞面繡（3746）

法國結粒繡
（3822）

雛菊繡
（3012）取2股線

直線繡
（989）取2股線

直線繡
（939）取1股線

緞面繡
（ECRU）

直線繡
（3012）取2股線

法國結粒繡
（3862）

緞面繡
（3347）

直線繡
（989）取2股線

回針繡（3012）

回針繡（989）

64

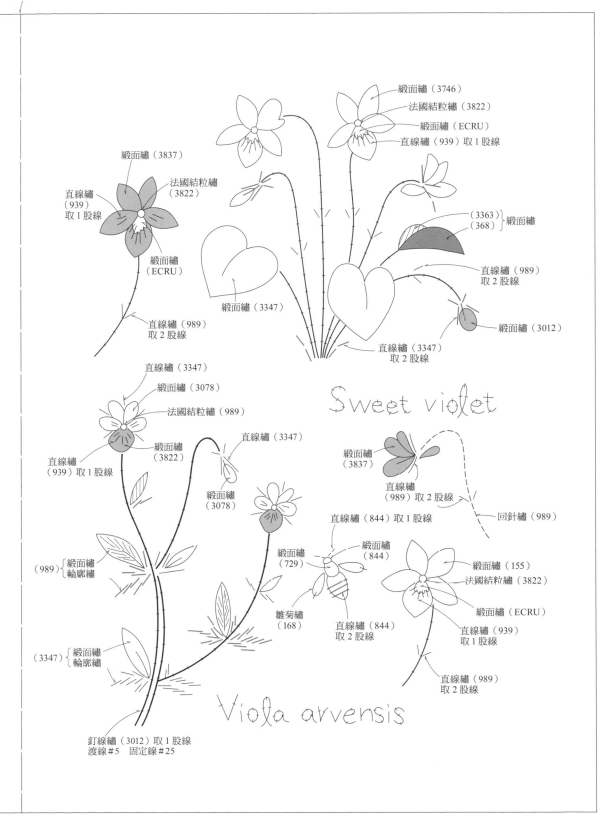

緞面繡（3746）
法國結粒繡（3822）
緞面繡（ECRU）
直線繡（939）取 1 股線

緞面繡（3837）

法國結粒繡
（3822）

直線繡
（939）
取 1 股線

（3363）
（368）｝緞面繡

緞面繡
（ECRU）

直線繡（989）
取 2 股線

直線繡（989）
取 2 股線

緞面繡（3012）

緞面繡（3347）

直線繡（3347）
取 2 股線

Sweet violet

直線繡（3347）

緞面繡（3078）

法國結粒繡（989）

直線繡（3347）

緞面繡
（3822）

直線繡
（939）取 1 股線

緞面繡
（3078）

緞面繡
（3837）

直線繡
（989）取 2 股線

回針繡（989）

直線繡（844）取 1 股線

緞面繡
（844）

緞面繡（155）

法國結粒繡（3822）

（989）｛緞面繡
　　　輪廓繡

緞面繡
（729）

雛菊繡
（168）

直線繡（844）
取 2 股線

緞面繡（ECRU）

直線繡（939）
取 1 股線

（3347）｛緞面繡
　　　輪廓繡

直線繡（989）
取 2 股線

Viola arvensis

釘線繡（3012）取 1 股線
渡線 #5　固定線 #25

* 線材／DMC繡線　#25（368、3347、3346、151、3354、760、3805、3865、168、414、
　　　　844、3821、729、3064、434、931、3816、3894、4190）　#5（3347）
　　　　MOKUBA刺繡用緞帶No.1540寬3.5mm（029）
* 布材／淺駝色麻布35cm×40cm
* 其他／接著襯35cm×55cm　厚5mm的保麗龍板25cm×30cm
　　　　綠色玻璃紗7cm×3cm　白色＆藍灰色條紋的木棉布7cm×11cm
　　　　藍灰色麻布7cm×9.5cm　白色麻布7cm×7cm點布　木棉布5cm×5cm
　　　　白色木棉4cm×4cm　雙面接著襯4cm×4cm　灰色木棉布8cm×5cm
　　　　白色厚紙板3cm×2cm　透明線　白膠　書背膠帶
* 完成尺寸／25cm×30cm
* 作法／於刺繡布的背面燙貼上接著襯，再黏貼上玻璃紗布並進行刺繡。
　　　　連同圖案用布的背面也分別燙貼上接著襯，
　　　　進行刺繡之後，再將布裁剪至完成線。
　　　　將圖案以白膠黏貼在主體的刺繡布上。
　　　　於厚紙板上纏繞繡線，並以白膠黏貼在主體的刺繡布上。
　　　　內摺刺繡布覆包保麗龍板，並以書背膠帶固定背面。

* 線材／DMC繡線　〔a：左〕#25（4210、3363）
　　　　〔b：右〕#25（4210、3347、3346）　#5（3347）
* 布材／〔a〕印花木棉布7cm×7cm　〔b〕點點木棉布5cm×5cm
* 其他／白膠　〔a〕接著襯7cm×7cm　〔b〕接著襯5cm×5cm
　　　　〔a〕象牙白肯特紙、〔b〕灰色肯特紙　各21cm×15cm
　　　　〔b〕使用過的郵票、印花布、紙張等
* 完成尺寸／10.5cm×15cm
* 作法／於刺繡布的背面燙貼上接著襯，
　　　　進行刺繡之後再裁剪至完成線。肯特紙對摺成二半。
　　　　〔a〕於肯特紙的單面挖空6cm的方窗，
　　　　　並以白膠將刺繡布黏貼於方窗的裡側。
　　　　〔b〕將使用過的郵票或印花布、紙張等物品組合之後，
　　　　　以白膠黏貼於刺繡布上。

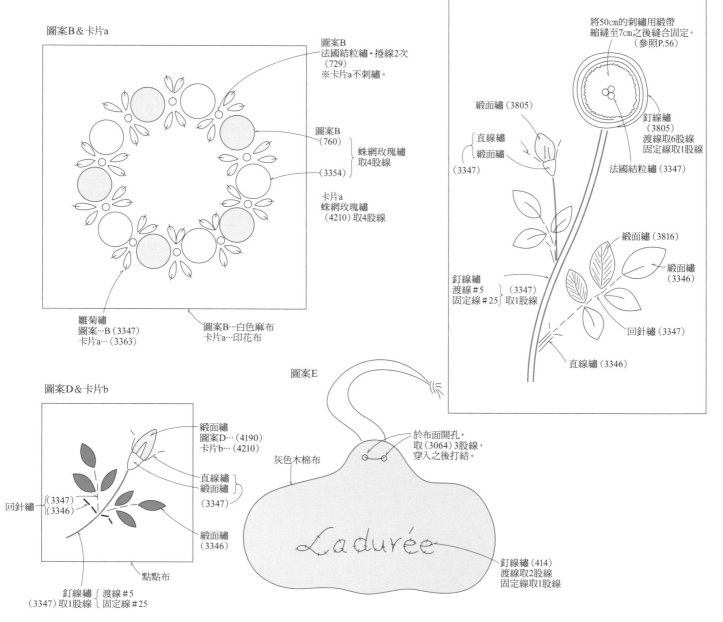

圖案B＆卡片a

圖案B
法國結粒繡・捲線2次
（729）
※卡片a不刺繡。

圖案B
（760）
　　　　蛛網玫瑰繡
（3354）　取4股線

卡片a
蛛網玫瑰繡
（4210）取4股線

雛菊繡
圖案…B（3347）
卡片a…（3363）

圖案B…白色麻布
卡片a…印花布

圖案D＆卡片b

緞面繡
圖案D…（4190）
卡片b…（4210）

直線繡
緞面繡
（3347）

回針繡
（3347）
（3346）

緞面繡
（3346）

點點布

釘線繡　渡線#5
（3347）取1股線　固定線#25

圖案C

條紋布

將50cm的刺繡用緞帶
縮縫至7cm之後縫合固定。
（參照P.56）

緞面繡（3805）

直線繡
緞面繡
（3347）

釘線繡
（3805）
渡線取6股線
固定線取1股線

法國結粒繡（3347）

緞面繡（3816）

緞面繡
（3346）

釘線繡
渡線#5　（3347）
固定線#25　取1股線

回針繡（3347）

直線繡（3346）

圖案E

灰色木棉布

於布面開孔，
取（3064）3股線，
穿入之後打結。

Ladurée

釘線繡（414）
渡線取2股線
固定線取1股線

66

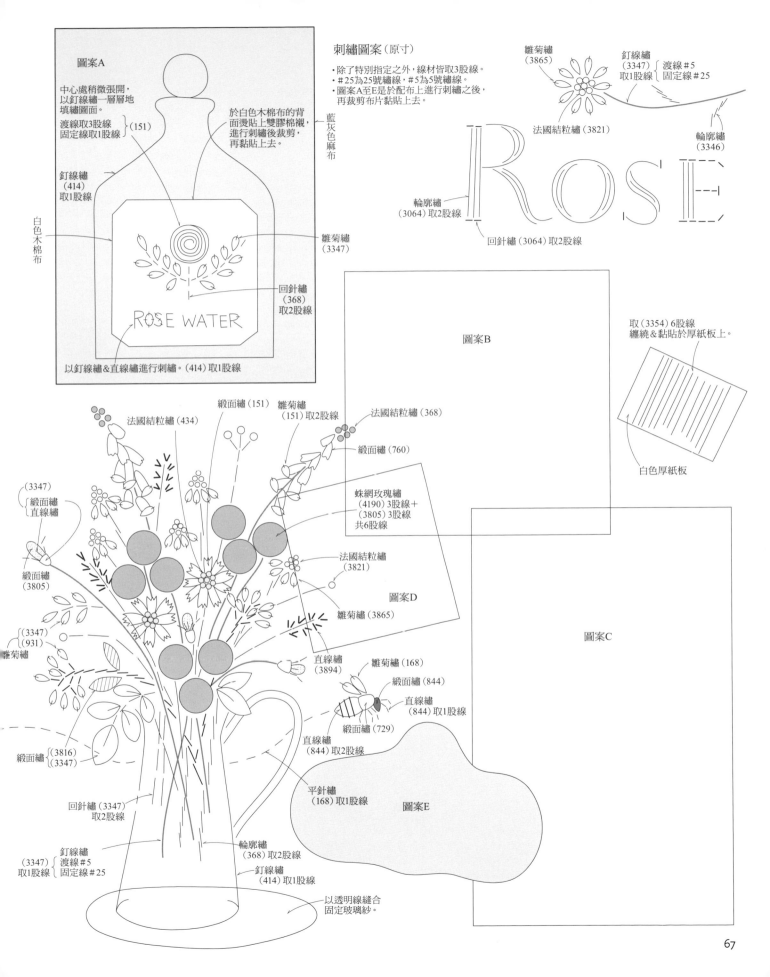

圖案A

中心處稍微張開，
以釘線繡一層層地
填繡圖面。

渡線取3股線
固定線取1股線 }（151）

釘線繡
（414）
取1股線

白色木棉布

ROSE WATER

以釘線繡＆直線繡進行刺繡。（414）取1股線

於白色木棉布的背
面燙貼上雙膠棉襯，
進行刺繡後裁剪，
再黏貼上去。

藍灰色麻布

雛菊繡
（3347）

回針繡
（368）
取2股線

刺繡圖案（原寸）

・除了特別指定之外，線材皆取3股線。
・#25為25號繡線，#5為5號繡線。
・圖案A至E是於配布上進行刺繡之後，
　再裁剪布片黏貼上去。

雛菊繡
（3865）

釘線繡
（3347）
取1股線 } 渡線#5
固定線#25

法國結粒繡（3821）

輪廓繡
（3346）

ROSE

輪廓繡
（3064）取2股線

回針繡（3064）取2股線

圖案B

法國結粒繡（368）

緞面繡（760）

蛛網玫瑰繡
（4190）3股線＋
（3805）3股線
共6股線

法國結粒繡
（3821）

圖案D

雛菊繡（3865）

取（3354）6股線
纏繞＆黏貼於厚紙板上。

白色厚紙板

圖案C

法國結粒繡（434）

緞面繡（151）

雛菊繡
（151）取2股線

（3347）
緞面繡
直線繡

緞面繡
（3805）

（3347）
（931）
雛菊繡

緞面繡 {（3816）
（3347）

回針繡（3347）
取2股線

（3347） } 釘線繡
取1股線 { 渡線#5
固定線#25

釘線繡
（414）取1股線

輪廓繡
（368）取2股線

直線繡
（3894）

雛菊繡（168）

緞面繡（844）

直線繡
（844）取1股線

緞面繡（729）

直線繡
（844）取2股線

平針繡
（168）取1股線

圖案E

以透明線縫合
固定玻璃紗。

67

繡球蔥綻放の庭園

* 線材／DMC繡線　#25（ECRU、937、368、988、907、3894、989、3822、729、3862、844、168、554、156、761、760、3805、3607、3328）
　　　　#5（989、988、368）　青木和子原創亞麻線（草莖綠）
　　　麻線（AFE原創綠色、原創紫色／或取DMC #25的988、554的3股線）
* 布材／白色麻布48cm×40cm
* 其他／接著襯48cm×40cm　厚5mm的保麗龍板38cm×30cm
　　　斑染薄紗蕾絲（AFE墨綠色）30cm×10cm
　　　花藝鐵絲（線號）40cm　透明線　書背膠帶
* 完成尺寸／38cm×30cm
* 作法／於刺繡布的背面燙貼上接著襯，再以透明線將薄紗與花藝鐵絲縫合固定
　　　並進行刺繡。完成後內摺刺繡布包覆保麗龍板，並以書背膠帶固定背面。

刺繡圖案（原寸）

· 除了特別指定之外，線材皆取2股線。
· #25為25號繡線，#5為5號繡線。

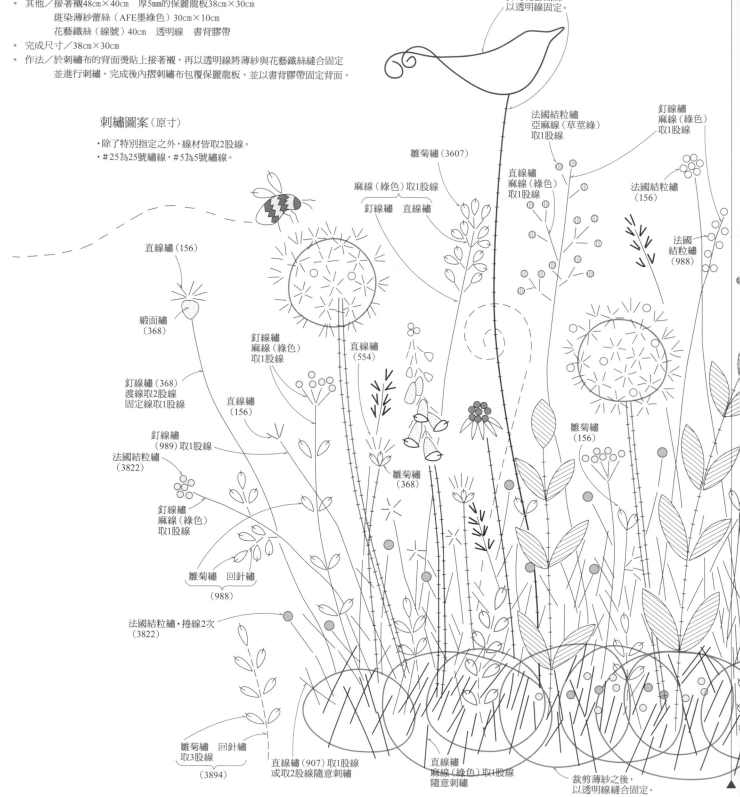

折彎花藝鐵絲，
以透明線固定。

雛菊繡（3607）

麻線（綠色）取1股線
釘線繡　直線繡

法國結粒繡
亞麻線（草莖綠）
取1股線

釘線繡
麻線（綠色）
取1股線

直線繡
麻線（綠色）
取1股線

法國結粒繡
（156）

法國
結粒繡
（988）

直線繡（156）

緞面繡
（368）

釘線繡（368）
渡線取2股線
固定線取1股線

釘線繡
麻線（綠色）
取1股線

直線繡
（554）

釘線繡
（989）取1股線

法國結粒繡
（3822）

直線繡
（156）

雛菊繡
（156）

釘線繡
麻線（綠色）
取1股線

雛菊繡
（368）

雛菊繡　回針繡
（988）

法國結粒繡·捲線2次
（3822）

雛菊繡　回針繡
取3股線
（3894）

直線繡（907）取1股線
或取2股線隨意刺繡

直線繡
麻線（綠色）取1股線
隨意刺繡

裁剪薄紗之後，
以透明線縫合固定。

68

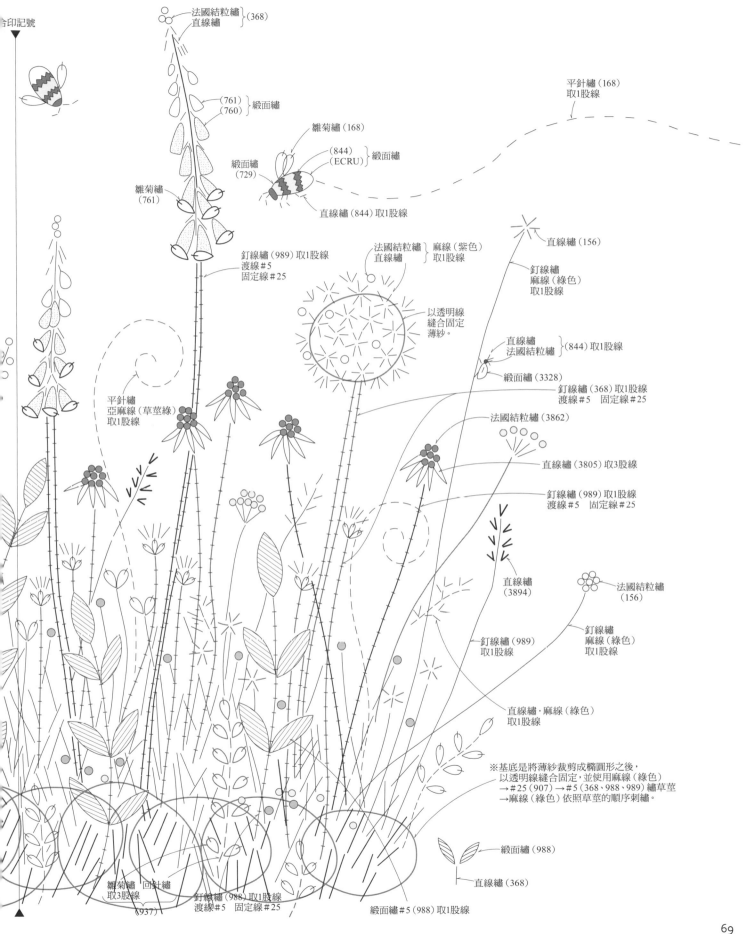

法國結粒繡
直線繡 }(368)

合印記號

平針繡(168)
取1股線

(761)
(760) }緞面繡

雛菊繡(168)

緞面繡
(729)

(844)
(ECRU) }緞面繡

雛菊繡
(761)

直線繡(844)取1股線

釘線繡(989)取1股線
渡線#5
固定線#25

法國結粒繡
直線繡 }麻線(紫色)
取1股線

直線繡(156)

釘線繡
麻線(綠色)
取1股線

以透明線
縫合固定
薄紗。

直線繡
法國結粒繡 }(844)取1股線

緞面繡(3328)

釘線繡(368)取1股線
渡線#5 固定線#25

法國結粒繡(3862)

直線繡(3805)取3股線

平針繡
亞麻線(草莖綠)
取1股線

釘線繡(989)取1股線
渡線#5 固定線#25

法國結粒繡
(156)

直線繡
(3894)

釘線繡(989)
取1股線

釘線繡
麻線(綠色)
取1股線

直線繡·麻線(綠色)
取1股線

※基底是將薄紗裁剪成橢圓形之後，
以透明線縫合固定，並使用麻線(綠色)
→#25(907)→#5(368、988、989)繡草莖
→麻線(綠色)依照草莖的順序刺繡。

緞面繡(988)

直線繡(368)

雛菊繡 回針繡
取3股線

(937)

釘線繡(988)取1股線
渡線#5 固定線#25

緞面繡#5(988)取1股線

小樹枝的樣本繡

* 線材／DMC繡線 ＃25（989、4050、794、435、645、612）
  麻線（淺駝色／或AFE910）
* 布材／白色麻布 55cm×43cm
* 其他／接著襯55cm×43cm 寒冷紗20cm×12cm
  印花布3.5cm×2cm 壓克力顏料（白色·淺駝色）
  厚5mm的保麗龍板45cm×33cm 書背膠帶

刺繡圖案
（放大125%之後使用）

· 除了特別指定之外，線材皆取2股線。
※使用縫紉機的自由壓線將配布車縫固定，
　以壓克力顏料塗色之後，再進行刺繡。

法國結粒繡（645）

直線繡
輪廓繡 ｝（645）
緞面繡

直線繡
（435）

裂線繡
（794）

合印記號

寒冷紗

直線繡（612）

釘線繡　麻線（淺駝色）
取1股線
以同色細線固定。

雛菊繡
（989）2股線＋（4050）1股線
共3股線

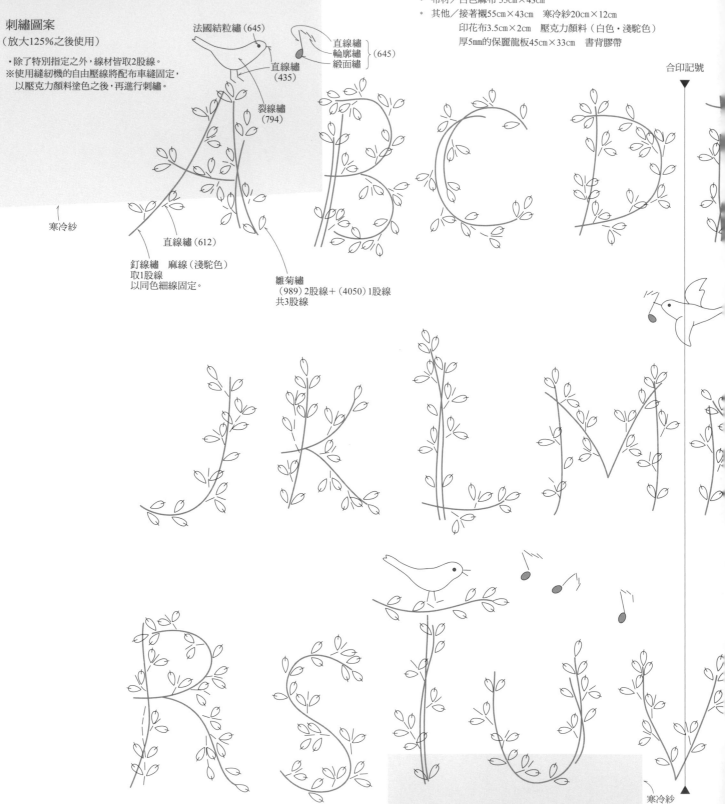

寒冷紗

* 完成尺寸／45cm×33cm
* 作法／於刺繡布的背面燙貼上接著襯。以縫紉機的自由壓線將印花布與寒冷紗車縫固定，並塗上壓克力顏料（白色稍微混調淺駝色）。
  進行刺繡後將布往內摺包覆保麗龍板，並以書背膠帶固定背面。

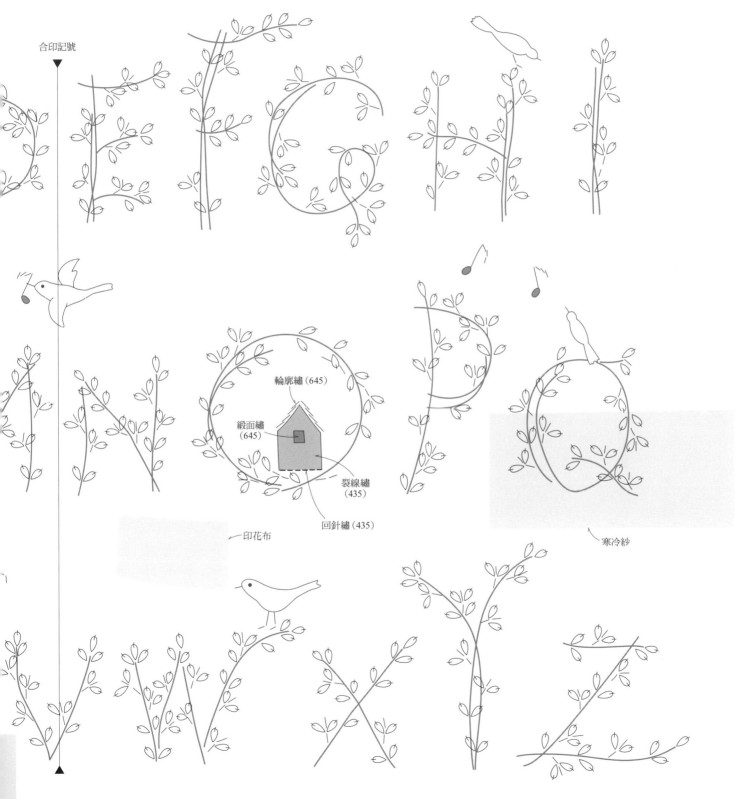

合印記號

輪廓繡（645）

緞面繡（645）

裂線繡（435）

回針繡（435）

印花布

寒冷紗

PAGE 17　　細繩罐

* 線材／DMC繡線　#25（ECRU、729、844）
* 布材／淺駝色麻布15cm×15cm
* 其他／接著襯15cm×15cm　直徑8cm的刺繡框　直徑1cm的金屬雞眼
　　　　字母印章　布用印泥（深褐色）
　　　　玻璃密封罐（口徑7.5cm）
* 完成尺寸／8cm×8cm
* 作法／於刺繡布的背面燙貼上接著襯。
　　　　在布上以印章蓋印，並鑲嵌上符合密封罐尺寸的刺繡框後進行刺繡，
　　　　再於中央處安裝雞眼（參照P.56）。
　　　　重新嵌上刺繡框，並裁下多餘的布。

PAGE 16　　黃蜂の樣本繡

* 線材／DMC繡線　#25（ECRU、368、822、677、729、168、341、156、340、
　　　　320、844）
　　　　#8（ECRU、644）　#5（368）
* 布材／白色麻布41cm×33cm
* 其他／接著襯41cm×33cm　厚5mm的保麗龍板31cm×23cm　書背膠帶
* 完成尺寸／31cm×23cm
* 作法／於刺繡布的背面燙貼上接著襯後進行刺繡，再把布往內摺包覆保麗龍板，
　　　　並以書背膠帶固定背面。

刺繡圖案（原寸）
・除了特別指定之外，
　線材皆取3股線。

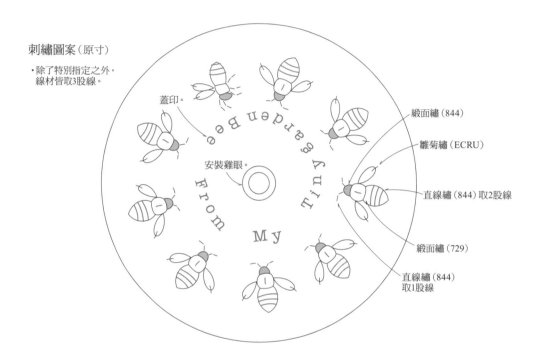

蓋印。

安裝雞眼。

緞面繡（844）

雛菊繡（ECRU）

直線繡（844）取2股線

緞面繡（729）

直線繡（844）
取1股線

PAGE 37　　麵包布

* 線材／DMC繡線　#25（347）
* 布材／麻布的廚房布（市售）
* 其他／半透明完稿紙
* 完成尺寸／刺繡部分4cm×7.5cm
* 作法／將繪有圖案的半透明完稿紙燙貼在廚房布上（參照P.54），
　　　　避免於背面打線結來進行刺繡。
　　　　待刺繡完成之後，將半透明完稿紙撕破取下。

刺繡圖案（原寸）
・線材皆為（347）。

直線繡・取1股線

緞面繡・取4股線

回針繡・取3股線

刺繡圖案（原寸）

・除了特別指定之外，線材皆取3股線。
・#5為5號繡線，#8為8號繡線。

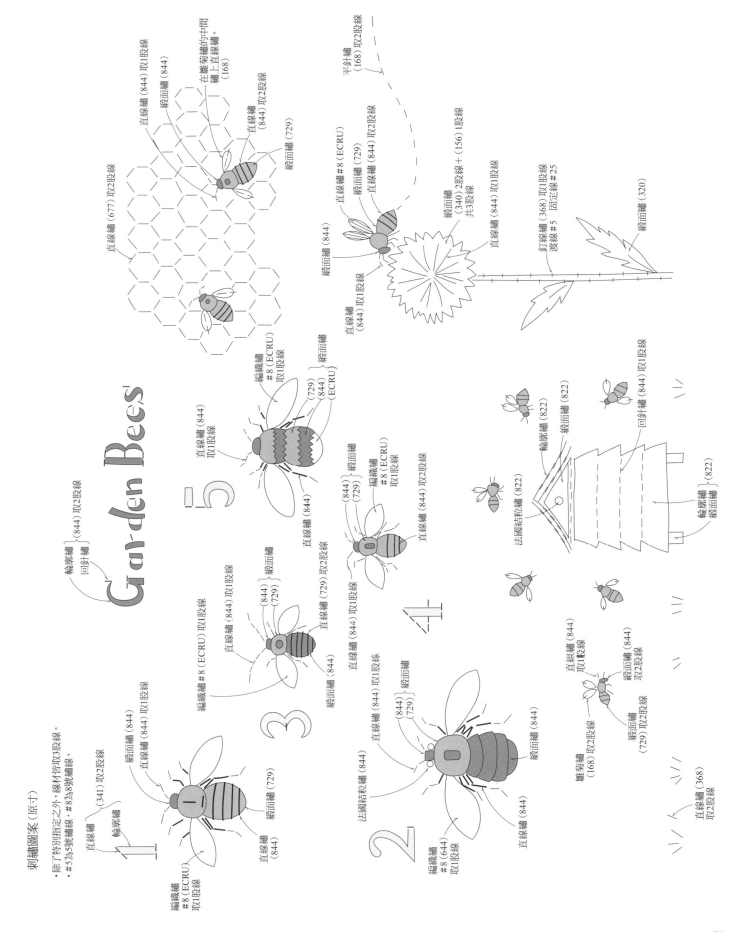

輪廓繡
回針繡｝（844）取2股線

Garden Bees

直線繡
（341）取2股線
輪廓繡

編織繡
#8（ECRU）
取1股線

緞面繡（844）

直線繡（844）取1股線

緞面繡（729）

直線繡
（844）

法國結粒繡（844）

編織繡#8（644）
取1股線

直線繡（844）取1股線

直線繡
取1股線

緞面繡（844）

直線繡（729）取2股線

直線繡（844）取1股線

編織繡#8（ECRU）取1股線

緞面繡（844）

(844)
(729)

直線繡（729）取2股線

緞面繡（844）

編織繡
#8（ECRU）
取1股線

直線繡
取1股線

729
844 ｝
ECRU

緞面繡
（ECRU）

直線繡（844）取1股線

(844)
(729)

緞面繡（844）

直線繡（844）取2股線

編織繡#8（ECRU）取1股線

緞面繡（844）

直線繡（844）取1股線

在雛菊繡的中間
繡上直線繡。
（168）

直線繡（844）取1股線

緞面繡（844）

直線繡
（844）取2股線

緞面繡（729）

直線繡（677）取2股線

平針繡（168）取2股線

直線繡#8（ECRU）

緞面繡（729）

直線繡（844）取2股線

緞面繡（844）

直線繡（844）取1股線

緞面繡
（340）2股線＋（156）1股線
共3股線

緞面繡（320）

直線繡（368）取1股線
渡線#5

固定線#25

直線繡
取1股線

輪廓繡（822）

緞面繡（822）

回針繡（844）取1股線

法國結粒繡（822）

輪廓繡
緞面繡 ｝（822）

雛菊繡
（168）取2股線

直線繡（844）
取1股線

緞面繡（844）
取2股線

緞面繡
（729）取2股線

直線繡（368）
取2股線

73

春季庭園の裝飾墊

* 線材／DMC繡線　#25（ECRU、368、989、320、472、3078、3821、157、
3839、155、554、3781、939）
* 布材／白色麻布27cm×27cm
* 完成尺寸／參照圖示
* 作法／刺繡之後再裁剪布片，並於布邊周圍縫製裝飾框。

裁布圖&縫製方法

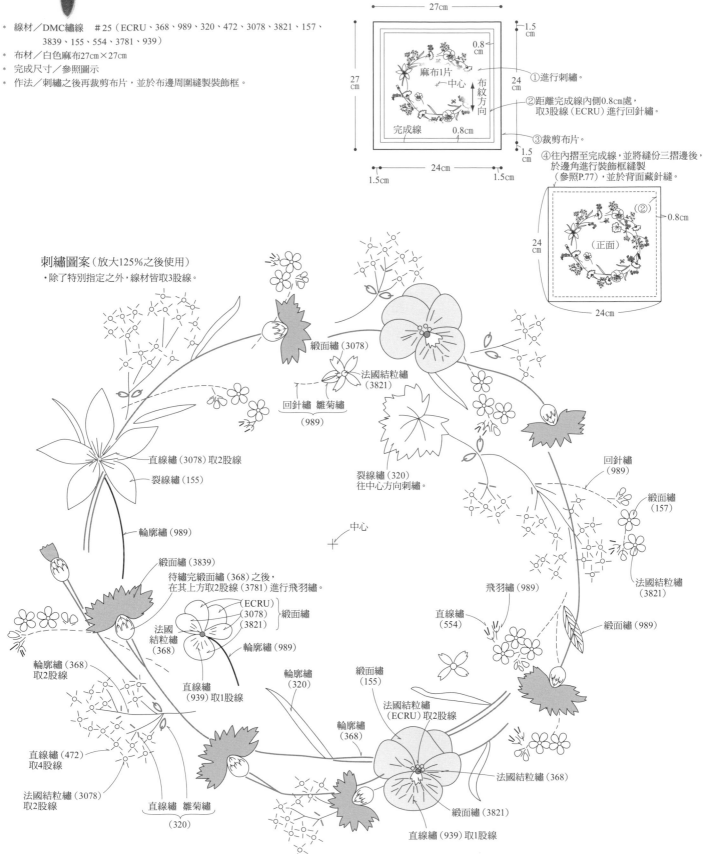

27cm

1.5
cm
0.8
cm

麻布1片
←中心

布
紋
方
向

24
cm

完成線

0.8cm

1.5
cm

27cm

24cm

1.5cm　　　　　　　1.5cm

①進行刺繡。

②距離完成線內側0.8cm處，
取3股線（ECRU）進行回針繡。

③裁剪布片。

④往內摺至完成線，並將縫份三摺邊後，
於邊角進行裝飾框縫製
（參照P.77），並於背面藏針縫。

24
cm

（②）

0.8cm

（正面）

24cm

刺繡圖案（放大125%之後使用）
・除了特別指定之外，線材皆取3股線。

緞面繡（3078）

法國結粒繡
（3821）

回針繡　雛菊繡
（989）

直線繡（3078）取2股線

裂線繡（155）

裂線繡（320）
往中心方向刺繡。

回針繡
（989）

緞面繡
（157）

輪廓繡（989）

法國結粒繡
（3821）

緞面繡（3839）

待繡完緞面繡（368）之後，
在其上方取2股線（3781）進行飛羽繡。

（ECRU）
（3078）　緞面繡
（3821）

法國
結粒繡
（368）

輪廓繡（989）

輪廓繡（368）
取2股線

直線繡
（939）取1股線

輪廓繡
（320）

緞面繡
（155）

飛羽繡（989）

直線繡
（554）

緞面繡（989）

中心

法國結粒繡
（ECRU）取2股線

輪廓繡
（368）

法國結粒繡（368）

直線繡（472）
取4股線

法國結粒繡（3078）
取2股線

直線繡　雛菊繡
（320）

緞面繡（3821）

直線繡（939）取1股線

紫羅蘭信封

* 線材／DMC繡線　#25（ECRU、989、3348、3822、3820、729、327、168、939、644、844）　#5（989）
* 布材／白色麻布31cm×26cm
* 其他／接著襯31cm×26cm　印花布7.5cm×2.5cm　寒冷紗6cm×5cm　帶膠郵票　白膠　壓克力顏料（白色、淺駝色）
* 完成尺寸／參照圖示
* 作法／於刺繡布的背面燙貼上接著襯。以縫紉機的自由壓線將印花布與寒冷紗車縫固定，並塗上壓克力顏料（白色稍微混調淺駝色）。刺繡後參照裁布圖進行裁剪。依照圖示摺疊，並以白膠黏貼。

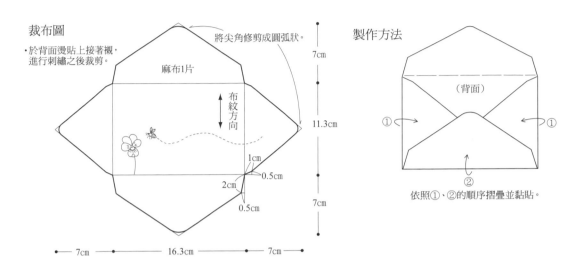

裁布圖

・於背面燙貼上接著襯，進行刺繡之後裁剪。

將尖角修剪成圓弧狀。

麻布1片

布紋方向

7cm
11.3cm
7cm

1cm
0.5cm
2cm
0.5cm

7cm　16.3cm　7cm

製作方法

（背面）

① ①
②

依照①、②的順序摺疊並黏貼。

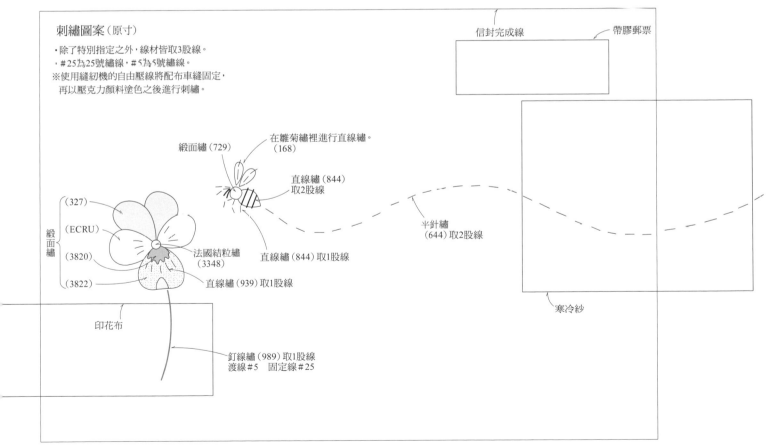

刺繡圖案（原寸）

・除了特別指定之外，線材皆取3股線。
・#25為25號繡線，#5為5號繡線。
※使用縫紉機的自由壓線將配布車縫固定，再以壓克力顏料塗色之後進行刺繡。

信封完成線　帶膠郵票

緞面繡（729）

在雛菊繡裡進行直線繡。（168）

直線繡（844）取2股線

半針繡（644）取2股線

（327）
（ECRU）
（3820）
（3822）

緞面繡

法國結粒繡（3348）

直線繡（844）取1股線

直線繡（939）取1股線

寒冷紗

印花布

釘線繡（989）取1股線
渡線#5　固定線#25

75

造訪庭園的鳥兒

* 線材／DMC繡線　#25（822、676、977、341、3799）　麻線（AFE912焦茶色）　接近麻線顏色的細線（3790等）
* 布材／灰色麻布30㎝×25㎝　淺駝色亞麻混紡30㎝×10㎝
* 其他／接著襯30㎝×35㎝　厚5mm的保麗龍板20㎝×25㎝　書背膠帶
* 完成尺寸／20㎝×25㎝
* 作法／將布片對接之後，於背面燙貼上接著襯，並於布片的接縫處進行Z字形車縫。
　　　　在布上進行刺繡，待完成後將布往內摺包覆保麗龍板，並以書背膠帶固定背面。

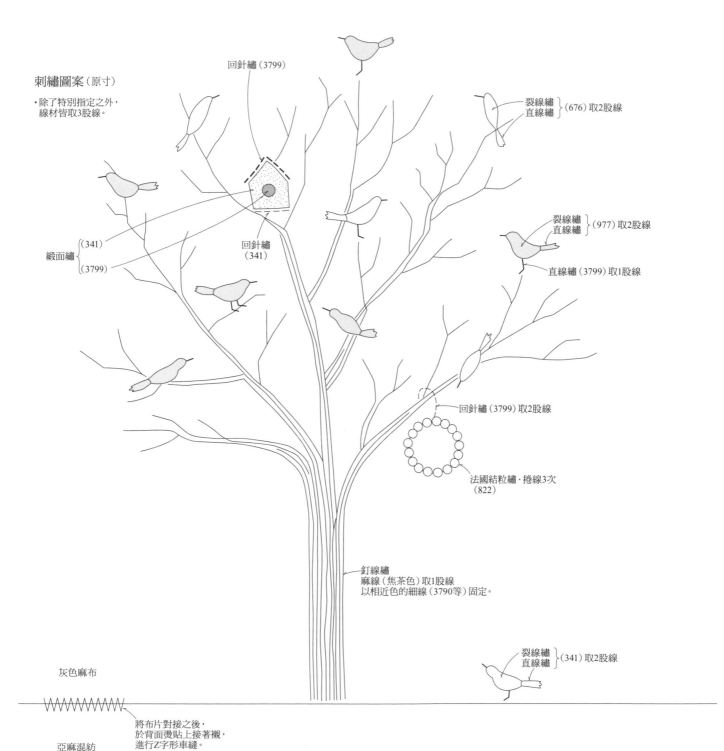

刺繡圖案（原寸）
・除了特別指定之外，
　線材皆取3股線。

回針繡（3799）

裂線繡
直線繡｝（676）取2股線

裂線繡
直線繡｝（977）取2股線

直線繡（3799）取1股線

緞面繡｛(341)
　　　(3799)

回針繡
（341）

回針繡（3799）取2股線

法國結粒繡・捲線3次
（822）

釘線繡
麻線（焦茶色）取1股線
以相近色的細線（3790等）固定。

裂線繡
直線繡｝（341）取2股線

灰色麻布

將布片對接之後，
於背面燙貼上接著襯，
進行Z字形車縫。

亞麻混紡

知更鳥＆田鶇

* 線材／DMC繡線　#25〔田鶇〕（ECRU、420、839、310）　〔知更鳥〕（ECRU、921、169、610、3865、310）
* 布材（1件）／白色麻布15cm×15cm
* 其他（1件）／接著襯15cm×15cm　淺駝色不織布12cm×8cm　花藝鐵絲（線號）　白膠　〔製作胸飾時〕胸針
* 完成尺寸／參照圖示
* 作法／於刺繡布的背面燙貼上接著襯再刺繡，待完成後稍微預留摺份進行裁剪，並於摺份處剪牙口，再往內摺至完成線，以白膠黏貼固定。
　　　　將不織布剪至完成線，在刺繡布背面與不織布之間插入花藝鐵絲之後黏合，再將不織布以捲針縫縫合固定（參照P.55）。
　　　　製成裝飾品的時候，可將花藝鐵絲當作腳插進去；製作胸飾時，可於背面接縫上胸針。

刺繡圖案（原寸）

・除了特別指定之外，線材皆取3股線。

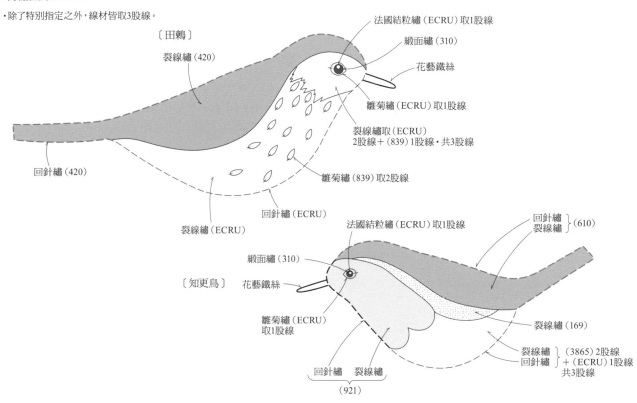

〔田鶇〕

法國結粒繡（ECRU）取1股線
緞面繡（310）
花藝鐵絲
雛菊繡（ECRU）取1股線
裂線繡取（ECRU）
2股線＋（839）1股線・共3股線
裂線繡（420）
雛菊繡（839）取2股線
回針繡（420）
回針繡（ECRU）
裂線繡（ECRU）

回針繡
裂線繡 }（610）
法國結粒繡（ECRU）取1股線
緞面繡（310）
〔知更鳥〕
花藝鐵絲
裂線繡（169）
雛菊繡（ECRU）取1股線
裂線繡（3865）2股線
回針繡＋（ECRU）1股線
共3股線
回針繡　裂線繡
（921）

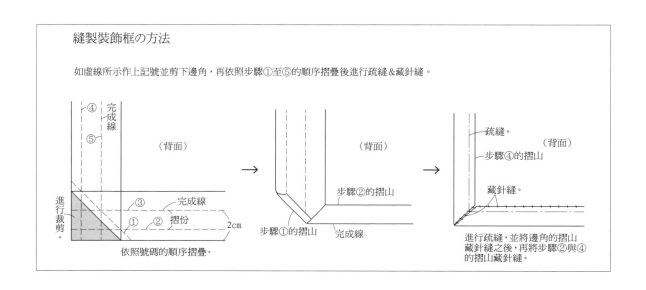

縫製裝飾框の方法

如虛線所示作上記號並剪下邊角，再依照步驟①至⑤的順序摺疊後進行疏縫＆藏針縫。

④ 完成線
⑤
（背面）
進行裁剪。
③ 完成線
① ② 摺份
2cm
依照號碼的順序摺疊。

（背面）
步驟②的摺山
步驟①的摺山
完成線

疏縫。
（背面）
步驟④的摺山
藏針縫。
進行疏縫，並將邊角的摺山藏針縫之後，再將步驟②與④的摺山藏針縫。

秋天の標本箱

- 線材／DMC繡線　#25（ECRU、433、434、420、3782、841、833、4130、347、349）
- 布材／白色麻布30cm×30cm
- 其他／接著襯30cm×30cm　寬0.6cm的淺駝色玻璃紗緞帶　印章　布用印泥（深褐色）
　　　〔製作胸飾時〕淺駝色不織布　白膠　胸針
- 完成尺寸／參照圖示
- 作法／於刺繡布的背面燙貼上接著襯，再進行刺繡。以印章蓋印，並將周圍裁剪成四方形。
　　　〔縫製成胸針的時候〕周圍稍微預留摺份後裁剪，並於摺份處剪牙口＆往內摺至背面，以白膠黏貼固定。
　　　再將不織布剪至完成線，貼合於刺繡布的背面以捲針縫縫合固定（參照P.55）。

刺繡圖案（原寸）

・除了特別指定之外，線材皆取3股線。

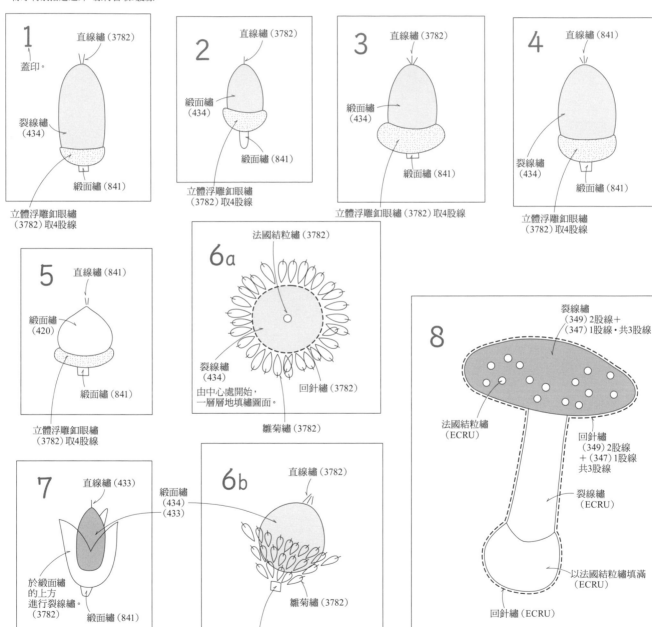

※縫製成胸針的時候，周圍的布稍微預留摺份後再裁剪。
將摺份往內摺至背面之後，將不織布捲針縫（參照P.55）。

橡實棒針

* 線材／DMC繡線　#25（898）　#5（3045）
* 其他／羊毛氈專用戳針　茶色羊毛氈用羊毛條　棒針（無圓珠頭）　寬2.5mm的茶色皮繩14cm
* 完成尺寸／參照圖示
* 作法／參照P.56將羊毛氈戳刺成型，進行刺繡。

作法

棒針

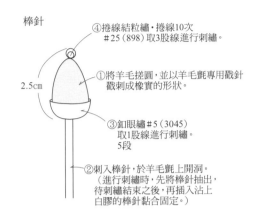

④捲線結粒繡・捲線10次
　#25（898）取3股線進行刺繡。

①將羊毛搓圓，並以羊毛氈專用戳針
　戳刺成橡實的形狀。

2.5cm

③釦眼繡#5（3045）
　取1股線進行刺繡。
　5段

②刺入棒針，於羊毛氈上開洞。
　（進行刺繡時，先將棒針抽出，
　待刺繡結束之後，再插入沾上
　白膠的棒針黏合固定。）

橡實

3cm

依照棒針的相同要領製作。

步驟②不須開洞，
於中心處進行捲線結粒繡・捲線8次。
#5（3045）取1股線

※由於羊毛不易使針具生繡，
　因此亦可充當成小小的針插來使用。

小飾物（P.51）

3cm

3cm

依照棒針的相同要領製作。

將寬2.5cm的皮繩裁剪成7cm長，
作成圈狀之後插入羊毛氈中，
再以白膠黏合固定。

立體浮雕釦眼繡の繡法

第3段→
第1段→
雛菊繡
第2段

第1針繡上雛菊繡，接著進行釦眼繡。
自第2段起，不挑縫布面而是挑縫前段的渡線，
一邊捲起繡線一邊進行釦眼繡。

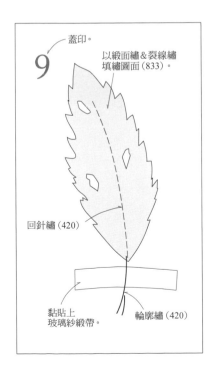

9

蓋印。

以緞面繡＆裂線繡
填繡圖面（833）。

回針繡（420）

黏貼上
玻璃紗緞帶。

輪廓繡（420）

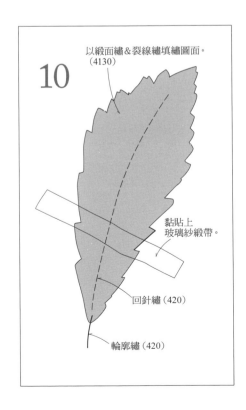

10

以緞面繡＆裂線繡填繡圖面。
（4130）

黏貼上
玻璃紗緞帶。

回針繡（420）

輪廓繡（420）

收納袋

* 線材／DMC繡線　#25（3347、3346）
* 布材／淺駝色麻布70cm×41cm
* 其他／條紋木棉布35cm×15cm　淺駝色純棉編織蕾絲花邊70cm　字母印章　布用印泥（茶色）
* 完成尺寸／33cm×39cm
* 作法／參照圖示

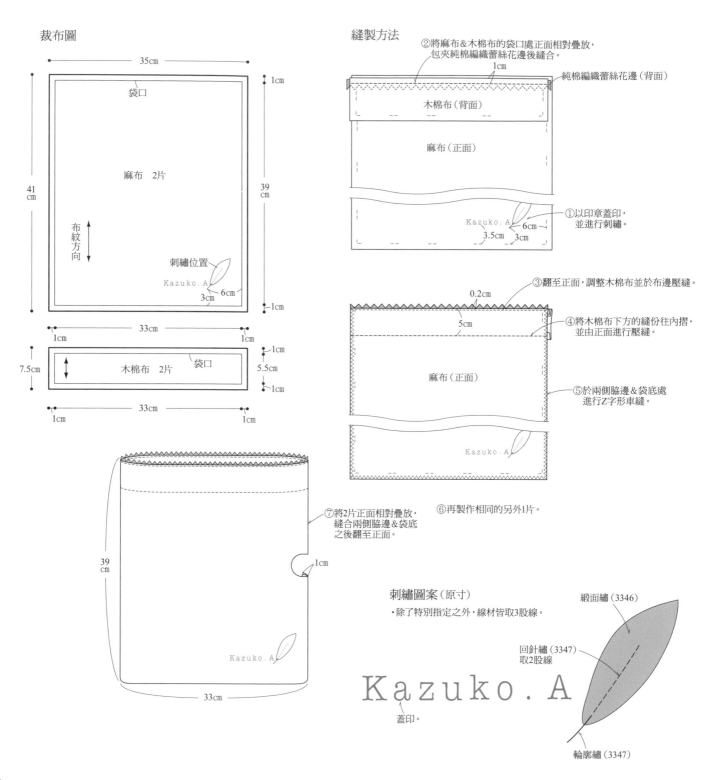

裁布圖

袋口

35cm

1cm

麻布　2片

41cm

39cm

布紋方向

刺繡位置

Kazuko.A

3cm　6cm

1cm

33cm

1cm　1cm

7.5cm

木棉布　2片

袋口

1cm

5.5cm

1cm

33cm

1cm　1cm

39cm

33cm

Kazuko.A

縫製方法

②將麻布&木棉布的袋口處正面相對疊放，包夾純棉編織蕾絲花邊後縫合。

1cm

純棉編織蕾絲花邊（背面）

木棉布（背面）

麻布（正面）

①以印章蓋印，並進行刺繡。

6cm

3.5cm　3cm

③翻至正面，調整木棉布並於布邊壓縫。

0.2cm

5cm

④將木棉布下方的縫份往內摺，並由正面進行壓縫。

麻布（正面）

⑤於兩側脇邊&袋底處進行Z字形車縫。

Kazuko.A

⑦將2片正面相對疊放，縫合兩側脇邊&袋底之後翻至正面。

1cm

⑥再製作相同的另外1片。

刺繡圖案（原寸）

・除了特別指定之外，線材皆取3股線。

緞面繡（3346）

回針繡（3347）取2股線

輪廓繡（3347）

Kazuko.A

蓋印。

PAGE 24 🛠 藥袋　　　　　　　　　　　PAGE 25 🛠 芸香徽章貼布

* 線材／DMC繡線　#25（3347、3346、3821、3865、3747）
* 布材／淺駝色麻布16cm×40cm
* 其他／寬0.6cm的淺駝色亞麻織帶50cm　黃蜂小飾物
　　　　字母印章　布用印泥（茶色）　半透明完稿紙
* 完成尺寸／14cm×17.5cm
* 作法／布紋較粗以致難以描繪圖案的情況下，可以先在半透明完稿紙上描繪圖案，
　　　　待完成刺繡之後再撕破取下（參照P.54）。

* 線材／DMC繡線　#25（320、368）
* 布材／白色中厚棉緞布10cm×10cm
* 其他／接著襯10cm×10cm　白膠
* 完成尺寸／參照圖示
* 作法／於刺繡布的背面燙貼上接著襯再進行刺繡。
　　　　在刺繡的周圍塗上白膠，待乾燥之後進行裁剪。

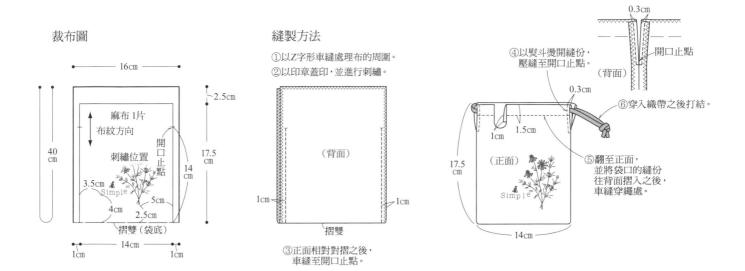

刺繡圖案（原寸）

・除了特別指定之外，線材皆取3股線。

藥袋

法國結粒繡（3821）
回針繡（3347）取2股線
雛菊繡（3865）
法國結粒繡（3747）
接縫上小飾物。
直線繡（3346）
Simple
蓋印。
輪廓繡（3347）取2股線

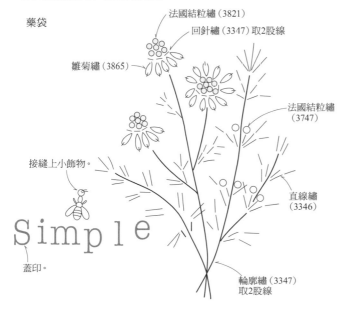

徽章貼布

緞面繡（320）
在上方回針繡（368）取2股線
於周圍塗上白膠，待乾燥之後進行裁剪。

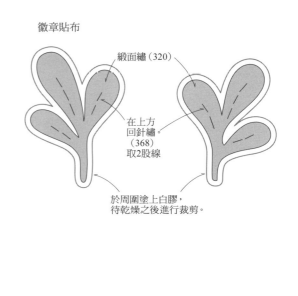

81

* 線材／DMC繡線　#25（3799）
* 布材／淺駝色麻布35cm×25cm
* 完成尺寸／30cm×20cm
* 作法／進行刺繡，連完成線上也進行回針繡。往內摺至完成線，在周圍縫製裝飾框。

裁布圖＆縫製方法

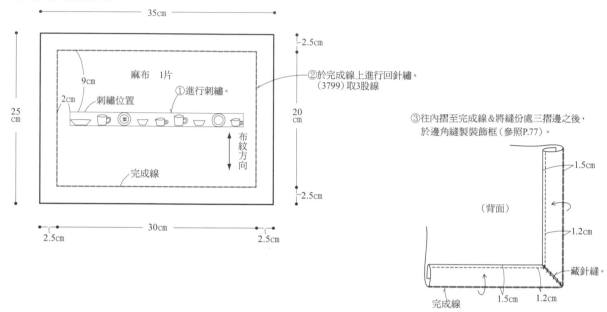

35cm

2.5cm

9cm 　　　麻布　1片
　　　　　　　①進行刺繡。
2cm
刺繡位置

25 cm
20 cm

布紋方向

完成線

②於完成線上進行回針繡。
　（3799）取3股線

③往內摺至完成線＆將縫份處三摺邊之後，
　於邊角縫製裝飾框（參照P.77）。

1.5cm

（背面）

1.2cm

藏針縫。

完成線　1.5cm　1.2cm

2.5cm

2.5cm

30cm

2.5cm　　　　　　　　　　　2.5cm

刺繡圖案（原寸）

・線材皆為（3799）取2股線。

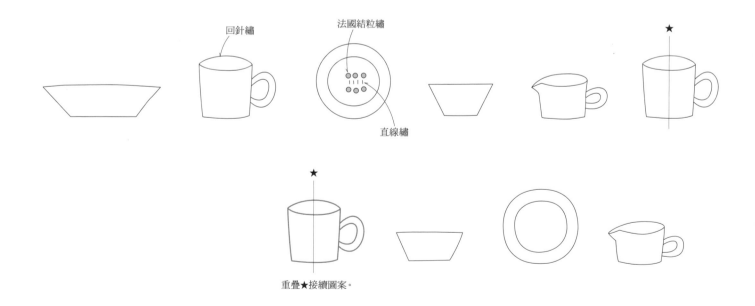

回針繡

法國結粒繡

★

直線繡

★

重疊★接續圖案。

 青花瓷

* 線材／DMC繡線　#25（322、647、676、988）　麻線（AFE416原色）
* 布材／白色麻布39㎝×32㎝、藍色麻布37㎝×30㎝
* 其他／接著襯39㎝×32㎝　雙面接著襯37㎝×30㎝　厚5mm的保麗龍板28.5㎝×23.5㎝　書背膠帶
* 完成尺寸／28.5㎝×23.5㎝
* 作法／於白色布片的背面燙貼上接著襯，藍色布片的背面燙貼上雙面接著襯，再以MOLA民族風貼布縫（P.55）
  接縫2片之後，進行刺繡。
  將布往內摺包覆保麗龍板，並以書背膠帶固定背面。

刺繡圖案（原寸）

· 除了特別指定之外，線材皆為（322）取2股線。

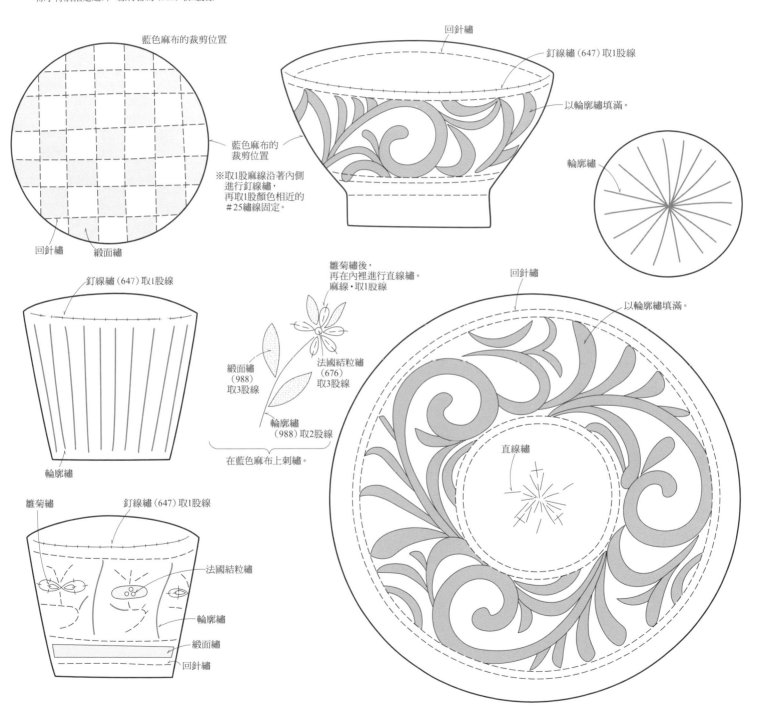

藍色麻布的裁剪位置

藍色麻布的裁剪位置

※取1股麻線沿著內側
進行釘線繡，
再以1股顏色相近的
#25繡線固定。

回針繡　緞面繡

釘線繡（647）取1股線

輪廓繡

回針繡

釘線繡（647）取1股線

以輪廓繡填滿。

輪廓繡

雛菊繡後，
再在內裡進行直線繡。
麻線・取1股線

緞面繡（988）取3股線

法國結粒繡（676）取3股線

輪廓繡（988）取2股線

在藍色麻布上刺繡。

回針繡

以輪廓繡填滿。

直線繡

雛菊繡　釘線繡（647）取1股線

法國結粒繡

輪廓繡

緞面繡

回針繡

環保袋

* 線材／DMC繡線　#25（3799）
* 布材／淺駝色麻布80cm×50cm
* 其他／完成的0.6cm寬黑色滾邊織帶180cm
* 完成尺寸／參照圖示
* 作法／裁剪布片＆進行刺繡，再以滾邊織帶處理提把的布邊，縫製成袋子。

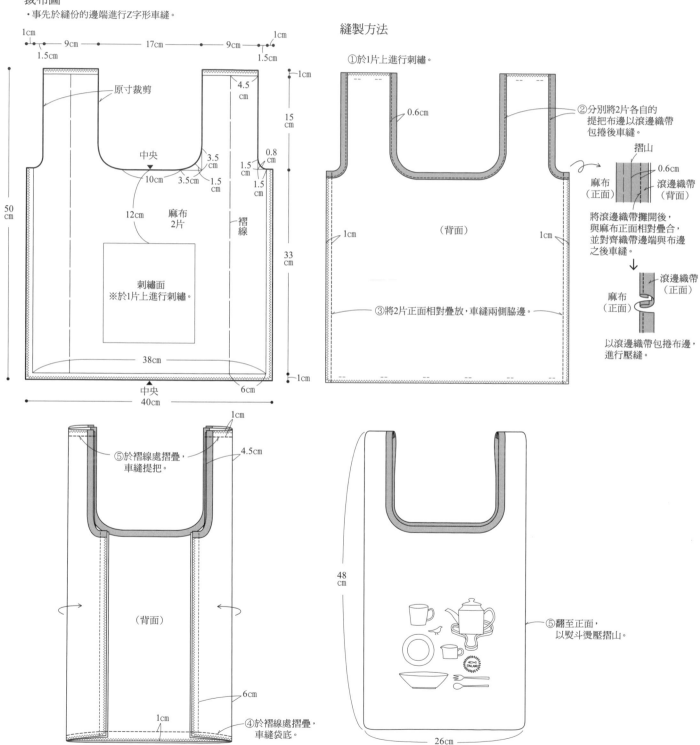

裁布圖
・事先於縫份的邊端進行Z字形車縫。

1cm
9cm
17cm
9cm
1cm
1.5cm
1.5cm

原寸裁剪

1cm
4.5cm
15cm

中央
3.5cm
10cm
3.5cm
1.5cm
0.8cm
1.5cm
1.5cm
1.5cm

12cm
麻布
2片

褶線

50cm

刺繡面
※於1片上進行刺繡。

33cm

38cm
中央
40cm
6cm
1cm

縫製方法

①於1片上進行刺繡。

0.6cm

②分別將2片各自的
提把布邊以滾邊織帶
包捲後車縫。

摺山
0.6cm
麻布
（正面）
滾邊織帶
（背面）

將滾邊織帶攤開後，
與麻布正面相對疊合，
並對齊織帶邊端與布邊
之後車縫。

滾邊織帶
（正面）
麻布
（正面）

以滾邊織帶包捲布邊，
進行壓縫。

1cm
（背面）
1cm

③將2片正面相對疊放，車縫兩側脇邊。

1cm
1cm

1cm
4.5cm

⑤於摺線處摺疊，
車縫提把。

（背面）

6cm

1cm

④於摺線處摺疊，
車縫袋底。

48cm

⑤翻至正面，
以熨斗燙壓摺山。

26cm

刺繡圖案（原寸）

· 線材皆為（3799）取2股線。
　除了特別指定之外，皆為回針繡。

中央

裂線繡

法國結粒繡

雛菊繡

FINLAND

麵包の樣本繡

* 線材／DMC繡線　#25（ECRU、437、435、434、433、738、3031、841、3685）
* 布材／白色麻布30cm×20cm
* 其他／接著襯30cm×20cm　白膠
* 完成尺寸／參照圖示
* 作法／於刺繡布的背面燙貼上接著襯後進行刺繡。在布的周圍塗上白膠，待乾燥之後進行裁剪。

刺繡圖案（原寸）
・除了特別指定之外，線材皆取3股線。
・進行刺繡之後，於周圍塗抹上白膠，待乾燥之後進行裁剪。

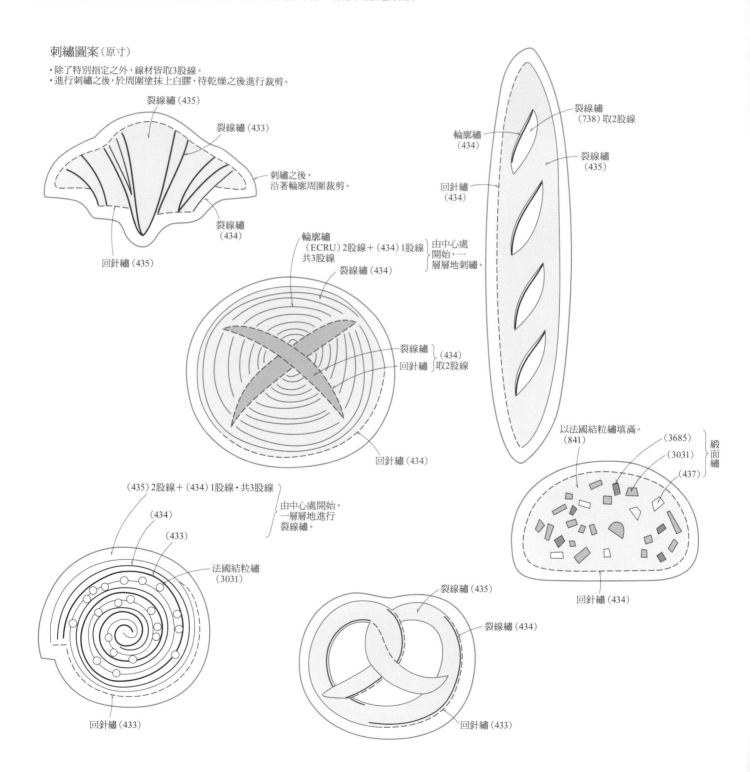

裂線繡（435）
裂線繡（433）
刺繡之後，沿著輪廓周圍裁剪。
裂線繡（434）
回針繡（435）

輪廓繡（434）
裂線繡（738）取2股線
裂線繡（435）
回針繡（434）

輪廓繡（ECRU）2股線＋（434）1股線　共3股線
由中心處開始，一層層地刺繡。
裂線繡（434）
裂線繡（434）
回針繡（434）取2股線
回針繡（434）

以法國結粒繡填滿。（841）
（3685）
（3031）
（437）
緞面繡
回針繡（434）

（435）2股線＋（434）1股線・共3股線
由中心處開始，一層層地進行裂線繡。
（434）
（433）
法國結粒繡（3031）
回針繡（433）

裂線繡（435）
裂線繡（434）
回針繡（433）

達拉木馬の貼布縫

〔除了繡線之外皆為1件的分量。完成圖由左而右為A、B、C。〕

* 線材／DMC繡線　〔A〕#25（336）　〔B〕#25（975）　〔C〕#25（347）
* 布材／淺駝色麻布28cm×28cm
* 其他／印花布18cm×18cm　雙面接著襯25cm×18cm　寬約2cm的布邊25cm　厚5mm的保麗龍板18cm×18cm　書背膠帶　〔僅限B〕厚紙板3cm×5cm
* 完成尺寸／18cm×18cm
* 作法／將布邊裁剪成約2cm寬，並於基底的麻布上燙貼雙面接著襯。
　　　參照P.54裁剪印花布之後，以雙面接著襯黏貼於基底的麻布上，並於貼布縫用布的邊緣進行回針繡。製作流蘇，也可當作尾巴使用。
　　　把布往內摺包覆保麗龍板，並以書背膠帶固定於背面。

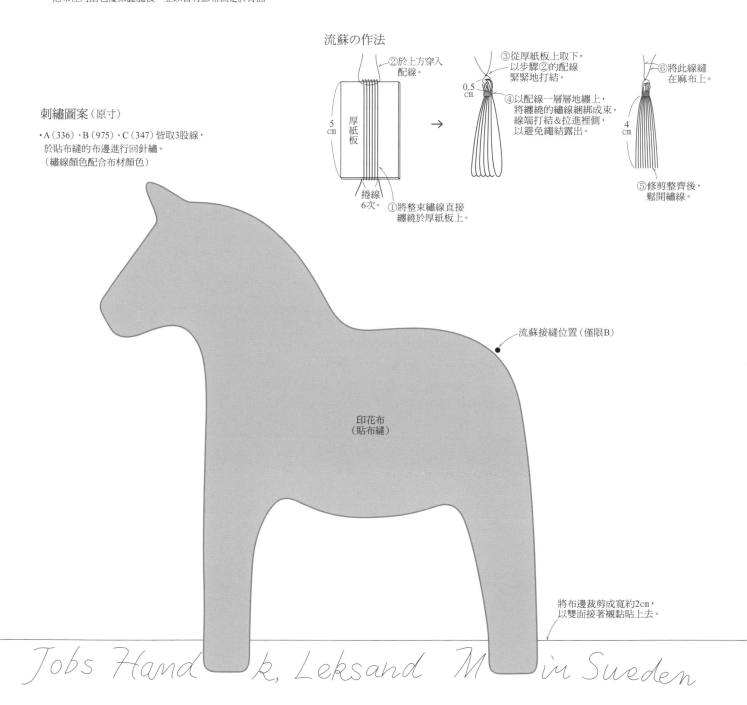

流蘇の作法

②於上方穿入配線。
③從厚紙板上取下，以步驟②的配線緊緊地打結。
⑥將此線縫在麻布上。

厚紙板
5cm

0.5cm

④以配線一層層地纏上，將纏繞的繡線綑綁成束。線端打結&拉進裡側，以避免繩結露出。

4cm

⑤修剪整齊後，鬆開繡線。

捲線6次

①將整束繡線直接纏繞於厚紙板上。

刺繡圖案（原寸）

・A（336）、B（975）、C（347）皆取3股線，於貼布縫的布邊進行回針繡。（繡線顏色配合布材顏色）

流蘇接縫位置（僅限B）

印花布（貼布縫）

將布邊裁剪成寬約2cm，以雙面接著襯黏貼上去。

食譜卡片套

* 線材／DMC繡線　#25（304）
* 布材／淺駝色麻布（RIBEKO社的NAPORI布）23cm×34cm
* 其他／木棉布23cm×31cm　紅色皮革5cm×5cm　直徑5mm的雞眼　粗1mm的皮繩25cm
* 完成尺寸／參照圖示
* 作法／計算布紋，進行十字繡。（作品為織線2條×2條＝1針目）
　　　無法計算布紋時，請使用可拆式轉繡網布。

裁布圖

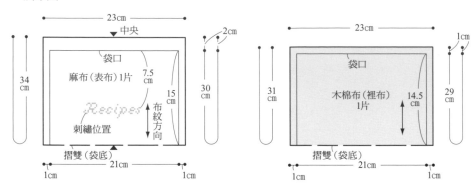

縫製方法

①於表布上進行刺繡。（由中央往外刺繡較佳）
②將表布正面相對對摺疊合，車縫兩側脇邊。

③抓袋底作出側幅＆車縫後，
翻至正面。

④裡布以表布相同作法進行車縫。
　（不須翻至正面）

⑤將裡布放入表布中，背面相對疊放，
　再將袋口的縫份往內摺進行藏針縫。

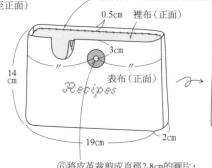

⑥將皮革裁剪成直徑2.8cm的圓片，
並以雞眼固定於中央（參照P.56）。

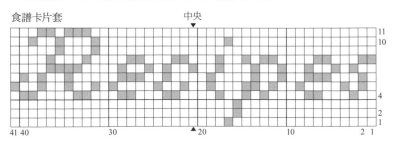

⑦後側則是將皮革裁剪成2cm×0.5cm，
並於兩脇邊中央處包夾皮繩，
以白膠黏貼固定。

刺繡圖案（十字繡）

・取2股繡線（304），挑縫布紋進行刺繡。（1針目＝織線2條×2條）

食譜卡片套

鍋蓋防燙套 〔2件〕

* 線材／DMC繡線　#25（304）
* 布材／淺駝色麻布（RIBEKO社的NAPORI布）20cm×20cm
* 其他／鋪棉20cm×20cm　木棉布20cm×20cm　紅色皮革1cm×8cm
* 完成尺寸／參照圖示
* 作法／計算布紋，進行十字繡。（作品為織線2條×2條＝1針目）
　無法計算布紋時，請使用可拆式轉繡網布。

裁布圖

・表布、裡布、鋪棉皆為原寸裁剪，各1片。

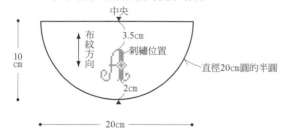

刺繡圖案（十字繡）

・取2股繡線（304），挑縫布紋進行刺繡。（1針目＝織線2條×2條）

防燙套墊　中央

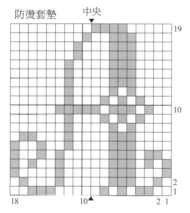

中央

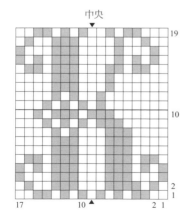

縫製方法

①於表布上進行刺繡。（由中央往外刺繡較佳）
②將表布與裡布正面相對疊放，並將鋪棉置於表布上方，
　於圓弧內側0.5cm處進行車縫。

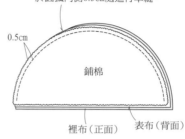

③分離表布&裡布之後摺疊&預留返口，
　在布邊內側0.5cm處進行車縫，並於表布側包夾皮革。

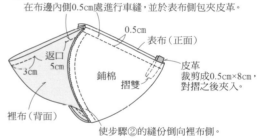

④由返口翻至正面，
　將返口藏針縫之後，
　使裡布稍微露出，
　放入表布中。

玻璃花鉢中の花

* 線材／DMC繡線　＃25（989、368、320、3820、822、3865、646）　＃5（989、368）
　　　　青木和子原創亞麻線（葉子綠、草莖綠、毛茛黃、朝鮮薊綠、風鈴草紫）
* 布材／白色麻布35cm×27cm
* 其他／接著襯35cm×27cm
　　　　厚5mm的保麗龍板25cm×17cm
　　　　寬0.6cm的苔蘚綠玻璃紗緞帶
　　　　透明線　書背膠帶
* 完成尺寸／25cm×17cm
* 作法／於刺繡布的背面燙貼上接著襯後進行刺繡，並以透明線將玻璃紗緞帶縫合固定。將布往內摺包覆保麗龍板，並以書背膠帶固定背面。

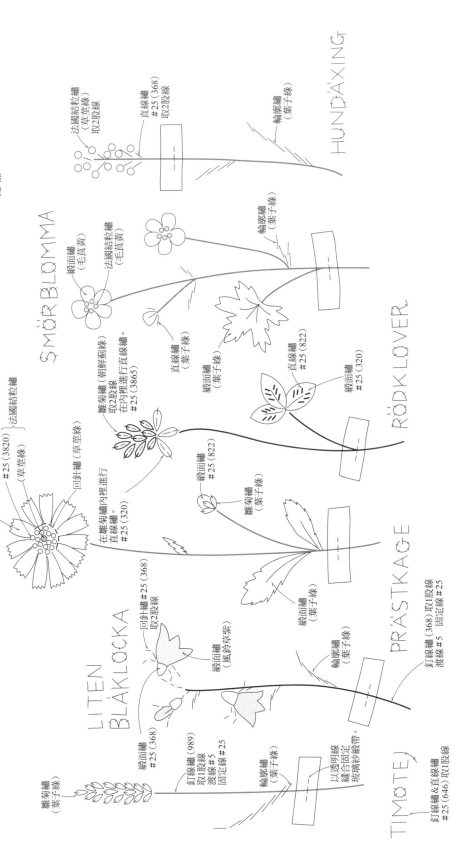

刺繡圖案（原寸）
・除了特別指定之外，線材皆為亞麻線。
・＃25為25號繡線，＃5為5號繡線。
・除了特別指定之外，亞麻線＆5號繡線皆取1股線，25號繡線取3股線。

三段小插曲

〔照片由左而右為A、B、C〕
* 線材／DMC繡線 〔A〕#25（989、3347、727、3821、
　　　　　435、610、646）、#5（989）
　　　　〔B〕#25（793、646）
　　　　〔C〕#25（3328、347、610、646）
* 布材（1件份）／白色麻布12cm×18cm
* 其他（1件份）／接著襯12cm×18cm
　　　　　　　　〔僅限A〕藍色布片2.5cm×1.5cm
　　　　　　　　雙面接著襯2.5cm×1.5cm
* 完成尺寸／12cm×18cm
* 作法／於刺繡布的背面漫貼上接著襯後進行刺繡，
　　　　再將布片裁剪成12cm×18cm大小，並以打洞機在上方
　　　　打洞。

刺繡圖案（原寸）
・除了特別指定之外，線材皆取3股線。
・#25為25號繡線，#5為5號繡線。

B
・線材除了特別指定之外，皆為（793）取3股線。

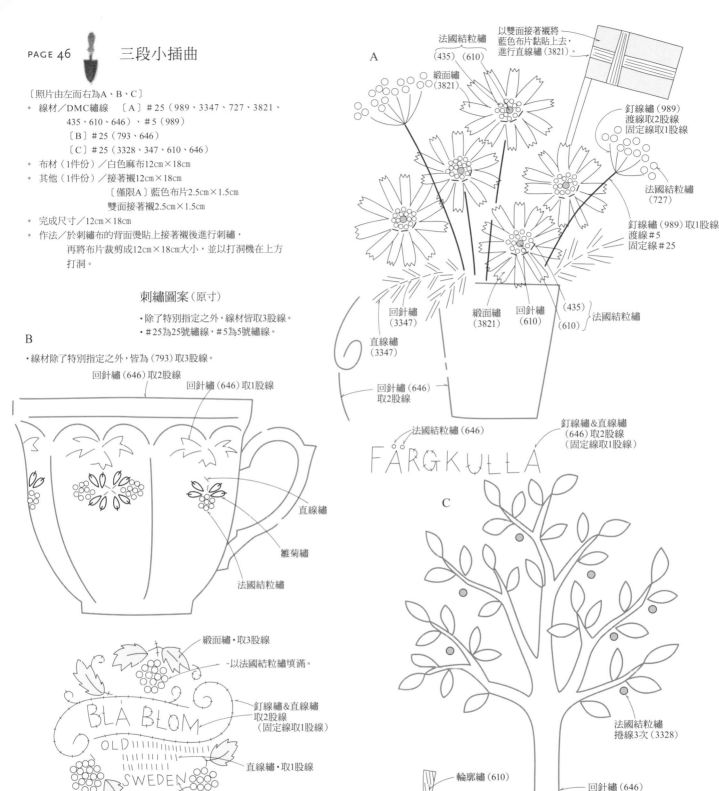

A

法國結粒繡
（435）（610）

以雙面接著襯將
藍色布片黏貼上去，
進行直線繡（3821）。

緞面繡
（3821）

釘線繡（989）
渡線取2股線
固定線取1股線

法國結粒繡
（727）

釘線繡（989）取1股線
渡線取#5
固定線#25

回針繡
（3347）

緞面繡
（3821）

回針繡
（610）

（435）
（610）

法國結粒繡

直線繡
（3347）

回針繡（646）
取2股線

法國結粒繡（646）

釘線繡&直線繡
（646）取2股線
（固定線取1股線）

FÄRGKULLA

回針繡（646）取2股線

回針繡（646）取1股線

直線繡

雛菊繡

法國結粒繡

緞面繡・取3股線

以法國結粒繡填滿。

釘線繡&直線繡
取2股線
（固定線取1股線）

直線繡・取1股線

BLÅ BLOM
OLD
SWEDEN

釘線繡&直線繡
取1股線

C

法國結粒繡
捲線3次（3328）

回針繡（646）

輪廓繡（610）

保持均衡地
進行裂線繡。
（3328）

裂線繡（347）

法國結粒繡（646）

釘線繡&直線繡
（646）取2股線
（固定線取1股線）

APPLE

茶壺保溫罩

* 線材／DMC繡線　#25（ECRU、3347、320、3822、3820、435、844、3865、316）　#5（3347）
　青木和子原創亞麻線（葉子綠、草莖綠、風鈴草紫）
* 布材／淺駝色麻布66cm×27cm　白色麻布5cm×5cm
* 其他／帶膠鋪棉62cm×21.5cm　條紋木棉布66cm×23cm　接著襯5cm×5cm　白膠
* 完成尺寸／參照圖示
* 作法／於淺駝色麻布上刺繡之後，進行裁布＆依照圖示縫製。於白色麻布的背面燙貼上接著襯，進行蝴蝶刺繡，
　並於刺繡的周圍塗上白膠，待乾燥之後進行裁剪＆接縫於喜愛的位置。

裁布圖

・於表布上刺繡之後，再進行裁布。
・帶膠鋪棉是以原寸裁剪，燙貼在表布的背面。

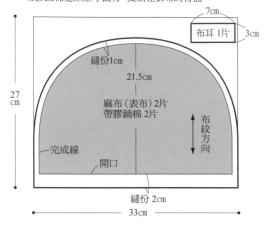

※將裡布高度裁剪比表布短1cm。

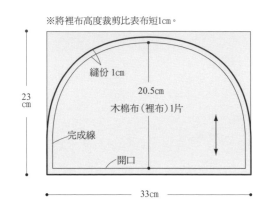

縫製方法

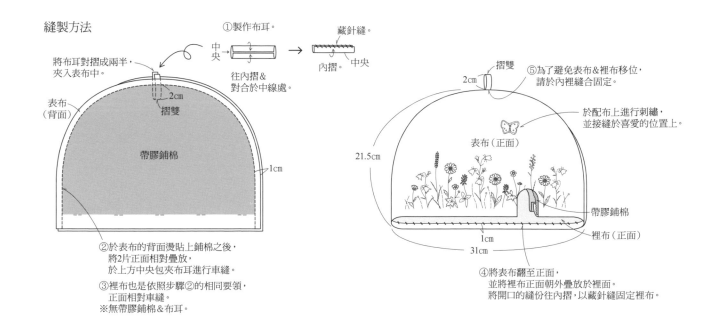

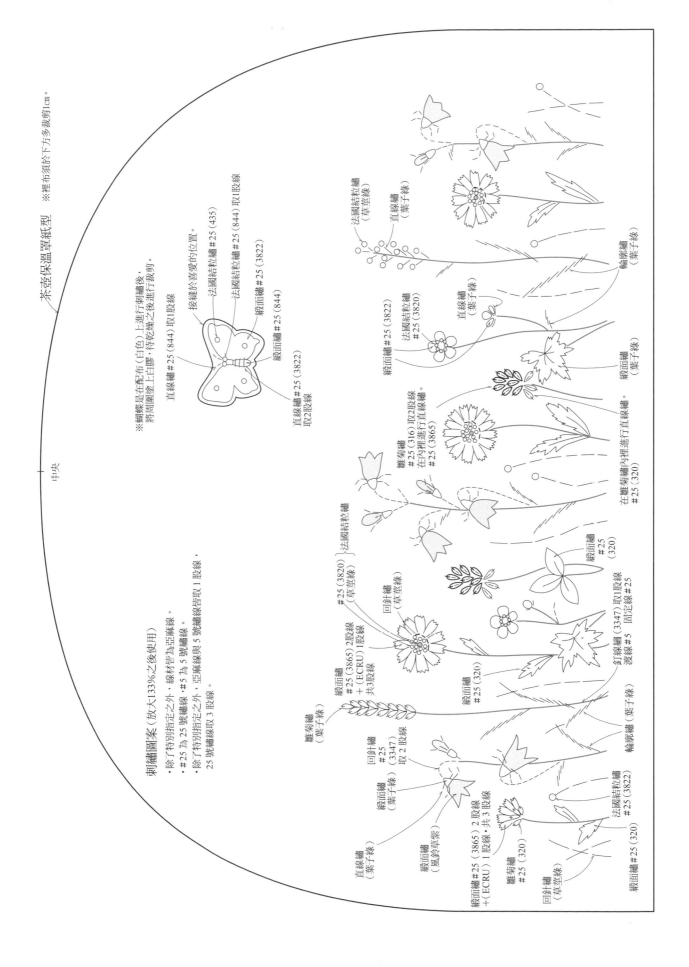

茶壺保溫罩紙型　※裡布須於下方多裁剪1cm。

中央

刺繡圖案（放大133%之後使用）
· 除了特別指定之外，線材皆為亞麻線。
· ＃25 為 25 號繡線，＃5 為 5 號繡線。
· 除了特別指定之外，亞麻線與 5 號繡線皆取 1 股線，
　25 號繡線取 3 股線。

※蝴蝶是在配布（白色）上進行刺繡後，
　將圖案塗上白膠，待乾燥之後進行裁剪。

直線繡＃25（844）取1股線
接縫於喜愛的位置
法國結粒繡＃25（435）
法國結粒繡＃25（844）取1股線
緞面繡＃25（3822）
緞面繡＃25（844）

直線繡＃25（3822）

直線繡＃25
取2股線

法國結粒繡
（草莖線）
直線繡
（葉子線）
輪廓繡
（葉子線）
緞面繡＃25（3822）
法國結粒繡＃25（3820）
直線繡
（葉子線）
緞面繡
（葉子線）

緞面繡
＃25（316）取2股線
在內裡進行直線繡。
＃25（3865）
在雛菊繡內裡進行直線繡。
＃25（320）

雛菊繡
（葉子線）
＃25（3820）
（草莖線）
回針繡
（草莖線）
緞面繡
＃25（320）
緞面繡＃25（3865）2股線
＋（ECRU）1股線
共3股線
緞面繡＃25（320）
釘線繡（3347）取1股線
遊線＃5　固定線＃25
輪廓繡（葉子線）

雛菊繡
（葉子線）
回針繡＃25（3347）取 2 股線
緞面繡（葉子線）
緞面繡（風鈴草紫）
緞面繡＃25（3865）2股線
＋（ECRU）1股線，共 3 股線
雛菊繡＃25（320）
回針繡（草莖線）
緞面繡＃25（320）

直線繡（葉子線）
法國結粒繡
＃25（3822）
}法國結粒繡

93

藏針書

* 線材／DMC繡線　＃25（ECRU、349、347、3865、433）
* 布材／淺駝色麻布18cm×10cm
* 其他／接著襯16cm×8cm　象牙白不織布16cm×16cm　寬0.4cm的麻繩36cm　字母印章　布用印泥（深褐色）
* 完成尺寸／參照圖示
* 作法／於麻布的背面燙貼上接著襯，以印章蓋印＆進行刺繡之後，再進行裁布，並參照圖示縫製。

裁布圖

・將接著襯燙貼於麻布背面的完成線內，以印章蓋印＆進行刺繡之後，再進行裁布。（圖案參照P.95）

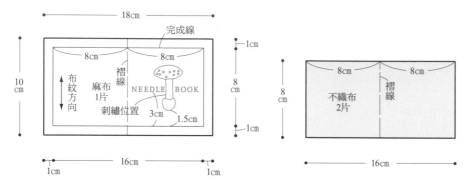

縫製方法

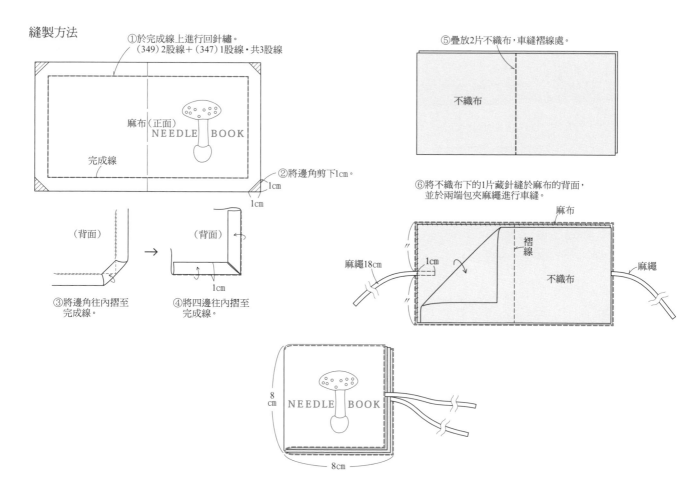

針插

* 線材／DMC繡線　#25（ECRU、349、347、3865、433）
* 布材／淺駝色麻布20cm×12cm
* 其他／寬0.8cm的麻織帶40cm　羊毛氈用羊毛條　松鼠小飾物　字母印章
　　　　布用印泥（深褐色）
* 完成尺寸／參照圖示
* 作法／於布面上蓋印&刺繡之後，再進行裁布，並參照圖示縫製。

裁布圖

・於1片布面上蓋印&刺繡之後，再進行裁布。

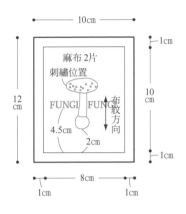

縫製方法

①將2片正面相對疊放，
　預留返口後車縫周圍。

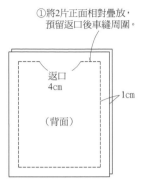

②翻至正面，將羊毛氈用羊毛條放入內裡，
　將返口藏針縫。

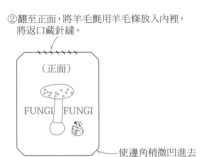

使邊角稍微凹進去

③於縫合處的上方
　將麻織帶藏針縫1圈。

<側視圖>

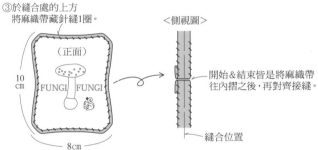

開始&結束皆是將麻織帶
往內摺之後，再對齊接縫。

縫合位置

刺繡圖案（原寸）

・線材皆取3股線。

針插

法國結粒繡・捲線2次／捲線1次
保持整體均衡地進行刺繡。
（3865）2股線＋（ECRU）1股線・共3股線

裂線繡 }（349）2股線＋（347）1股線
回針繡 } 共3股線

裂線繡
（3865）2股線＋（ECRU）1股線・共3股線

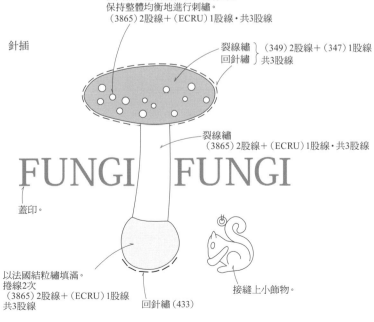

FUNGI　FUNGI

蓋印。

以法國結粒繡填滿。
捲線2次
（3865）2股線＋（ECRU）1股線
共3股線

回針繡（433）

接縫上小飾物。

藏針書

※繡線&刺繡方法皆與針插相同。

NEEDLE　BOOK

蓋印。

後記

此書收錄的刺繡作品都極為簡單易作，
大型作品僅佔一小部分；
即便如此，我還是投注了大量的時間。
對於顏色的搭配或素材的使用方法，都有我的堅持，
只希望修正到連我自己都感到滿意的刺繡作品。

期盼剛開始接觸刺繡的初學者及手藝卓越的高手，
都能從中體驗到配色的訣竅或刺繡的用法等樂趣。
基於這個想法，因此我致力彙整出我靈感的泉源與絕佳的方法。
本書若能作為刺繡愛好者的參考，我必定會感到無比的榮幸！

同時，承蒙了各方人士在製作本書上的共同努力。
由衷感謝非常瞭解我的刺繡風格，
為我設計傳達出更棒的書籍設計的天野美保子小姐，
有點兒成熟又可愛的鈴木亞希子小姐，
精準掌握住刺繡魅力重點並拍攝下來的白井由香里小姐，
以美麗的線條為我生動地表現出圖案的大樂小姐，
還有，三不五時就要幫我調整稍微拖延的製作時間表，並且在出版書籍前，
盯緊每一個環節的編輯谷山亞紀子小姐，
在此致上我最高的謝意！

春之工作室　　青木和子

愛｜刺｜繡｜13

Stitch Life 青木和子の刺繡生活手帖
與花草庭園相伴の美麗日常

作　　　者／青木和子
譯　　　者／彭小玲
發　行　人／詹慶和
總　編　輯／蔡麗玲
執　行　編　輯／陳姿伶
編　　　輯／蔡毓玲・劉蕙寧・黃璟安・李佳穎・李宛真
執　行　美　編／韓欣恬
美　術　編　輯／陳麗娜・周盈汝
內　頁　排　版／鯨魚工作室
出　　　者／雅書堂文化事業有限公司
發　行　者／雅書堂文化事業有限公司
郵 政 劃 撥 帳 號／18225950
戶　　　名／雅書堂文化事業有限公司
地　　　址／220新北市板橋區板新路206號3樓
網　　　址／www.elegantbooks.com.tw
電　子　信　箱／elegant.books@msa.hinet.net
電　　　話／(02)8952-4078
傳　　　真／(02)8952-4084

2017年1月初版一刷　定價380元

AOKI KAZUKO NO STITCH LIFE (NV70342)
Copyright © KAZUKO AOKI / NIHON VOGUE-SHA 2016
All rights reserved.
Photographer：Yukari Shirai, Noriaki Moriya, Kazuko Aoki
Original Japanese edition published in Japan by Nihon Vogue Co., Ltd.
Traditional Chinese translation rights arranged with Nihon Vogue Co., Ltd.
through Keio Cultural Enterprise Co., Ltd.
Traditional Chinese edition copyright © 2017 by Elegant Books Cultural
Enterprise Co., Ltd.

總經銷／朝日文化事業有限公司
進退貨地址／新北市中和區橋安街15巷1號7樓
電話／(02) 2249-7714　　傳真／(02) 2249-8715

國家圖書館出版品預行編目資料

stitch life青木和子の刺繡生活手帖: 與花草庭園
相伴の美麗日常 / 青木和子著; 彭小玲譯.
-- 初版. -- 新北市：雅書堂文化, 2017.01
　　面；　　公分. -- (愛刺繡；13)
譯自：Stitch Life 青木和子のステッチライフ
ISBN 978-986-302-347-0 (平裝)

1.刺繡 2.手工藝
426.2　　　　　　　　　　　　　　　105009784

Staff

書籍設計　　天野美保子
造　　型　　鈴木亞希子
攝　　影　　白井由香里
　　　　　　森谷則秋（P.26作者、P.49＆P.51工作室外觀）
　　　　　　青木和子（日常生活快照）
製　　圖　　大楽里美（day studio）
編輯協力　　田中利佳
責任編輯　　谷山亞紀子

Special Thanks

守谷みつばち夢プロジェクト
（日本茨城縣守谷市保護蜜蜂生態的市民活動計劃）

參考文獻

《昆虫図鑑》　長谷川哲雄　ハッピーオウル社
《夏の虫 夏の花》　福音館書店
《どんぐりノート》　文化出版局
《香りの扉 草の椅子》　萩尾エリ子　地球丸
《鳥と雲と薬草袋》　梨木香歩　新潮社
《野の花さんぽ図鑑》　長谷川哲雄　築地書館
《ハーブ図鑑110》　Lesley Bremness　日本VOGUE社
《UT I NATUREN》　PEDAGOGISK INFORMATION AB
《BIRDS OF BRITAIN》　NATURE LOVER'S LIBRARY READER'S DIGEST

素材提供

D・M・C株式會社（DMC ＃25、5、8）
東京都千代田区神田紺屋町13　山東ビル7F
TEL 03-5296-7831（代表號）
http://www.dmc.com/

株式會社 日本VOGUE社（青木和子原創亞麻線 獨家販售）
TEL 0120-923-258（訂貨中心）
服務時間 上午9點至下午5點（週日・國定假日休）
http://www.tezukuritown.com

Art Fiber Endo（AFE麻線・薄紗蕾絲）
京都市上京区大宮通椹木町上る菱屋町820
TEL 075-841-5425
https://www.artfiberendo.co.jp/

攝影協力

AWABEES
TEL 03-5786-1600

超人氣刺繡名師——
青木和子最愛庭園花草大集合！

可愛的三色堇、清新的小雛菊、人氣款的玫瑰花、充滿幸福感的鈴蘭……
熱衷於花草園藝的手作人，一定都很想每日與她們相伴吧！
若是能夠將喜愛的花草繡在布上，成為一幅幅美麗的居家小風景，
以溫柔的氛圍布置日常，工作時也可以擁有最佳的優雅好心情！
本書收錄青木和子老師種過＆她最鍾愛的63款花草圖案，平時對於園藝相當研究，
並將其創意融入手作，使每一幅作品都充滿生命力的青木老師，搭配詳細的基礎繡法介
紹，以及極為講究的配色建議，讓每一種花草的表情，都能展現獨到的美感，她也特別
在書中就各式花草的特性作了重點提醒，讓想要動手繡繡看的初學者，也能在家看書完
成最愛的花草系刺繡，這絕對是愛花手作人必備的最佳學習入門書！

手作人の私藏！
青木和子の庭園花草
刺繡圖鑑BEST.63
青木和子◎著
平裝／96頁／19×26cm
彩色＋單色／定價350元

青木和子の
自然風花草刺繡圖案集
（新裝版）
定價350元

青木和子の刺繡日記：
手作人の美好生活四季
花繪選
定價350元

Chionodoxa   Scilla   Snowdrop

好評發售中！

Stitch 刺繡誌

愛刺繡，愛生活！

Stitch 刺繡誌 01
**Stitch 刺繡誌
花の刺繡好點子：**
80+ 春日暖心刺繡 ×
可愛日系嚴選 VS
北歐雜貨風格定番手作

日本 VOGUE 社
定價 380 元

Stitch 刺繡誌 02
**Stitch 刺繡誌
一級棒の刺繡禮物：**
祝福系字母刺繡 ×
和風派小巾刺繡 VS
環遊北歐手作

日本 VOGUE 社
定價 380 元

Stitch 刺繡誌 03
**Stitch 刺繡誌
私の刺繡小風景——
打造秋日の手感心刺繡**
幸福系花柄刺繡 ×
可愛風插畫刺繡 VS
彩色刺子繡

日本 VOGUE 社
定價 380 元

Stitch 刺繡誌 04
**Stitch 刺繡誌
出發吧！
春の刺繡小旅行 ——**
旅行風刺繡 ×
暖心羊毛繡
VS 溫馨寶貝禮

日本 VOGUE 社
定價 380 元

Stitch 刺繡誌 05
**Stitch 刺繡誌
手作人的刺繡熱：
記憶裡盛開的花朵青春**
可愛感花朵刺繡 ×
日雜系和風刺繡
VS 優雅流蘇緞帶繡

日本 VOGUE 社
定價 380 元

Stitch 刺繡誌 06
**Stitch 刺繡誌
繫上好運の春日手作禮**
刺繡人の祝福提案特輯
幸運系紅線刺繡 VS
實用裝飾花邊繡

日本 VOGUE 社
定價 380 元

Stitch 刺繡誌 07
**Stitch 刺繡誌
刺繡人 × 夏日色彩學：
私の手作
COLORFUL DAY ！**
彩色故事刺繡 VS
手感瑞典刺繡

日本 VOGUE 社
定價 380 元

Stitch 刺繡誌 08
**Stitch 刺繡誌
手作好日子！
季節の刺繡贈禮計劃：**
連續花紋繡 VS
極致鏤空繡

日本 VOGUE 社
定價 380 元

Stitch 刺繡誌 09
**Stitch 刺繡誌
刺繡の手作美：
春夏秋冬の優雅書寫**
簡易釘線繡 VS
綺麗抽紗繡

日本 VOGUE 社
定價 380 元

Stitch 刺繡誌特輯 01
手作迷繡出來！
一針一線 × 幸福無限：
最想擁有的
刺繡誌人氣刺繡圖案 Best 75

日本 VOGUE 社
定價 450 元

Stitch 刺繡誌特輯 02
**完全可愛の
STITCH 人氣繪本圖案 100：**
世界旅行風 × 手感插畫系 × 初心十字繡
日本 VOGUE 社
定價 450 元

如果你喜歡「刺繡誌」，
那你絕對也要擁有「刺繡誌特輯」！

日本Vogue社獨家授權，Stitch刺繡誌繁體中文版合輯第三輯登場！精選idees VOL.13＋ VOL.14精彩內容，本期以刺繡人最愛的「花草風」作為主題，顛覆以往刺繡只能成為藝術品的刻板印象，收錄了100件以上由人氣刺繡作家製作設計，以刺繡裝飾的居家物品、布作、室內陳設、衣物改造、收納盒等，給你更多實用刺繡作品的手作好點子！

收錄詳細彩色繡法示範及作法解說，並貼心附上基礎繡法圖示，讓想從頭學起的新手們，也能照著書中作法一起動手製作，隨書特別附錄圖案，對於已有刺繡程度的進階者，也能應用於作品設計或啟發更多圖案的靈感！

只要準備「布、針、線」三大元素，刺繡就能隨身帶著作！打造簡單的刺繡新生活，就是這麼與眾不同！

Stitch刺繡誌特輯 03

STITCHの刺繡花草日記：
手作迷の私藏刺繡人氣圖案100＋
可愛Baby風小刺繡×春夏好感系布作
日本 VOGUE 社◎授權
128 頁， 彩色單色
定價 450 元

Stitch Life